少儿趣味编程

丁伟 编著

人民邮电出版社
北京

图书在版编目（CIP）数据

玩转Scratch少儿趣味编程 / 丁伟编著. -- 北京 : 人民邮电出版社, 2023.10
ISBN 978-7-115-62264-8

Ⅰ. ①玩… Ⅱ. ①丁… Ⅲ. ①程序设计－少儿读物 Ⅳ. ①TP311.1-49

中国国家版本馆CIP数据核字(2023)第126396号

内 容 提 要

本书以零基础讲解为宗旨，用实例引导读者学习，深入浅出地介绍 Scratch 3.0 的相关知识和实战技能。

本书分为 15 章，除了介绍 Scratch 3.0 的窗口环境外，还将对舞台背景与角色造型的新增/编辑技巧、脚本流程的规划、程序搭建技巧、声音的插入与编辑等功能进行全方位的说明。

本书不但适合少儿，也适合任何想学习 Scratch 的读者。无论是否从事计算机相关行业，是否接触过 Scratch，读者均可通过学习本书快速掌握 Scratch 的开发方法和技巧。

◆ 编　　著　丁　伟
　责任编辑　张天怡
　责任印制　陈　犇
◆ 人民邮电出版社出版发行　　北京市丰台区成寿寺路 11 号
　邮编　100164　　电子邮件　315@ptpress.com.cn
　网址　https://www.ptpress.com.cn
　北京宝隆世纪印刷有限公司印刷
◆ 开本：700×1000　1/16
　印张：13.75　　　　2023 年 10 月第 1 版
　字数：206 千字　　　2023 年 10 月北京第 1 次印刷

定价：69.80 元

读者服务热线：(010) 81055410　印装质量热线：(010) 81055316
反盗版热线：(010) 81055315
广告经营许可证：京东市监广登字 20170147 号

前言

Scratch 是美国麻省理工学院所开发的图形化编程工具（语言）。此软件的特色是利用搭建与镶嵌等方式，将各种类型的程序积木组合在一起，只要程序积木之间可以互相嵌接，就可以单击绿旗让画面动起来。由于此软件是免费的，而且采用的是图形化界面，可以通过积木搭建的方式来训练逻辑思考能力、解决问题的能力，甚至可以激发创造力，相当适合中小学的学生学习。所以笔者特别推荐此套软件给大家。

使用这套软件可以创造出问答式或交互式的故事、动画、游戏等内容，也可以将设计的作品分享给其他人。为了让学习者快速掌握此套软件的精华，笔者把本书分为了 15 章，依照知识点的难易程度，讲解了 13 个范例，其内容与重点说明如下。

- 动态贺卡的设计——基础动画应用
- 超萌宝宝的魔法变装秀——动画故事的串接
- 梦幻的海底世界——反弹与随机运算
- 幼儿字卡练习器——广播与收到信息的应用
- 百变发型设计懒人包——等待鼠标被单击
- 风景照片万花筒——缩图按钮的应用
- 欢乐同学录的制作锦囊——按钮链接显示
- 惊奇屋历险之旅——鼠标指针的应用
- 心情涂鸦板——画笔效果应用

- 打造音乐演奏盛宴——乐器与琴键的应用
- 一棵神奇的果树——左右按键控制
- 攻心秘技之实话实说——询问与回答的应用
- 好玩的乒乓球PK赛——坐标与角色控制

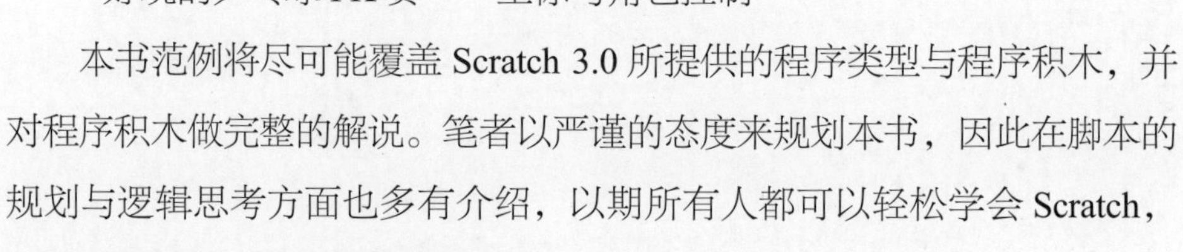

本书范例将尽可能覆盖 Scratch 3.0 所提供的程序类型与程序积木，并对程序积木做完整的解说。笔者以严谨的态度来规划本书，因此在脚本的规划与逻辑思考方面也多有介绍，以期所有人都可以轻松学会 Scratch，然后用它将自己的创意表现出来。

读者可以加入本书的读者交流 QQ 群（群号：877673374），在群内进行经验交流，并获取图书的相关资源。

谨以此书献给我亲爱的儿子，接下此书的编写任务，初衷就是想作为礼物送给你，见证你的成长，在这个过程中我是守护者和陪伴者，我也竭尽所能希望给你最好的教育、最真挚的爱。最后我要告诉你，我亲爱的孩子，哪怕你的前路冰塞川、雪满山，我也相信你一定能够破开万丈红云，达到属于自己的理想彼岸！

另外，我要感谢朱仁水老师与我一起参与了本书的编写。

在本书的编写过程中，笔者竭尽所能地将更好的内容呈现给读者，但也难免有疏漏和不妥之处，敬请广大读者不吝指正。若读者在阅读本书时遇到困难或疑问，或有任何建议，可发送邮件至 zhangtianyi@ptpress.com.cn。

编者

目录

第 1 章

进入 Scratch 3.0 的奇妙世界

章节导引	学习目标
1.1 下载并安装 Scratch 3.0	了解 Scratch 3.0 编辑器的下载和安装方法
1.2 全新的工作环境	熟悉 Scratch 3.0 的工作环境
1.3 项目的存储	学习项目的存储方法

Scratch 是美国麻省理工学院所开发的编程工具（语言），可以通过程序积木的搭建与组合创造出各种交互式故事、动画、音乐、艺术创作或游戏。Scratch 是一套免费的软件，经常被运用在学校或小区的教学与展示上。目前很多学校都在推广这套软件。这套图形化的程序设计软件让青少年可以轻松规划动画剧情，把学过的数学知识与 Scratch 程序积木相结合，进而强化逻辑思考与分析能力，让他们对设计流程的控制、问题的解决、团队的合作等技能也能够有所体验。本章将对 Scratch 3.0 的窗口环境及基本操作技巧进行说明，让初学者可以快速进入 Scratch 3.0 的奇妙世界。

下面对 Scratch 3.0 的下载及窗口环境进行介绍。

1.1 下载并安装 Scratch 3.0

Scratch 3.0 有两种编辑器：一种是网页版编辑器，可直接在线进行作品编辑与存储；另一种则是离线编辑器，使用者在未联网的情况下也可以在计算机上编辑作品。

1.1.1 网页版编辑器

网页版编辑器可以直接在该网站上制作与编辑项目。在浏览器的网址栏中输入 Scratch 官网，如图 1-1 所示。图 1-2 所示为创建项目。

图 1-1　打开 Scratch 网站主页

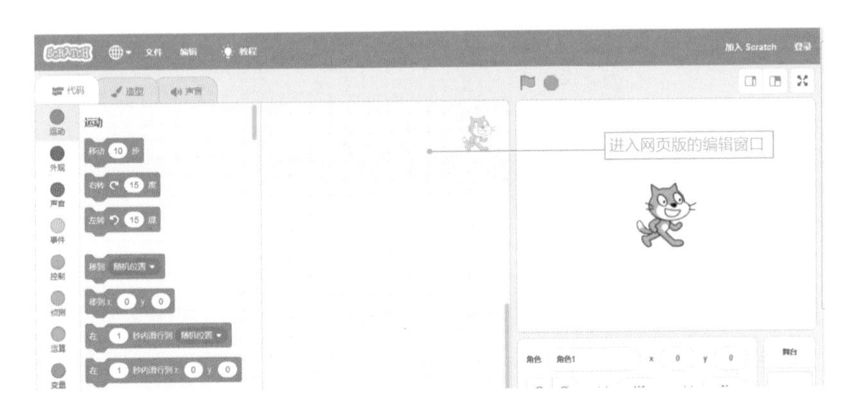

图1-2　创建项目

在网页右上角有个【加入 Scratch】按钮。加入 Scratch 就是注册一个 Scratch 账号，只要设定一个用户名称与密码即可，并不需要任何费用，如图 1-3 所示。加入 Scratch 的好处是可以分享作品，其他人可以欣赏你的作品，也可以打开【评论】功能，增加与他人互动的机会。

图1-3　加入 Scratch

加入 Scratch 之后，下次单击【登录】按钮并输入用户名称与密码后，就可以在用户名称下进行个人信息或账户设定，并展示你曾经编辑过的项目作品，如图 1-4、图 1-5 所示。

图 1-4　登录 Scratch

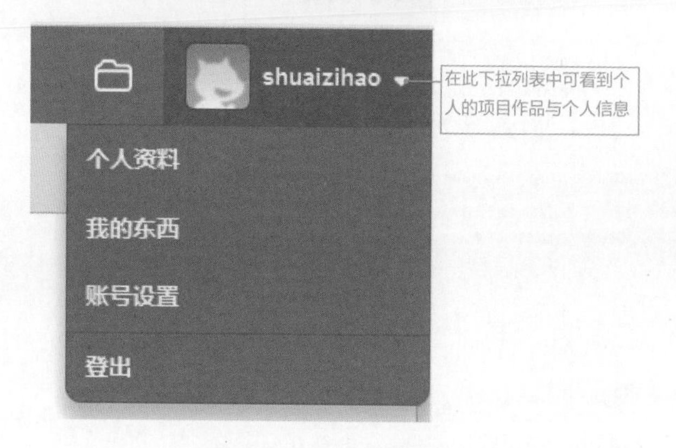

图 1-5　查看个人信息

1.1.2 离线编辑器

如果觉得必须联网才能编辑 Scratch 太麻烦，那么可以考虑把程序下载下来，然后安装到个人计算机上。在 Scratch 首页的底端单击【下载】超链接进行下载，如图 1-6、图 1-7 所示。

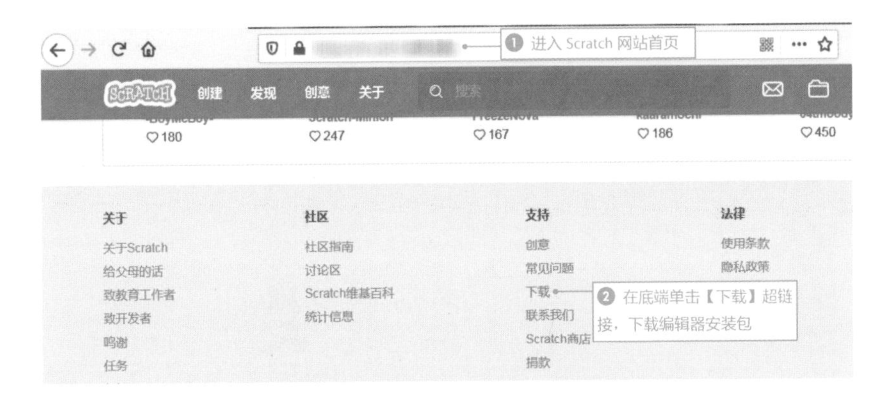

图 1-6　进入 Scratch 网站首页

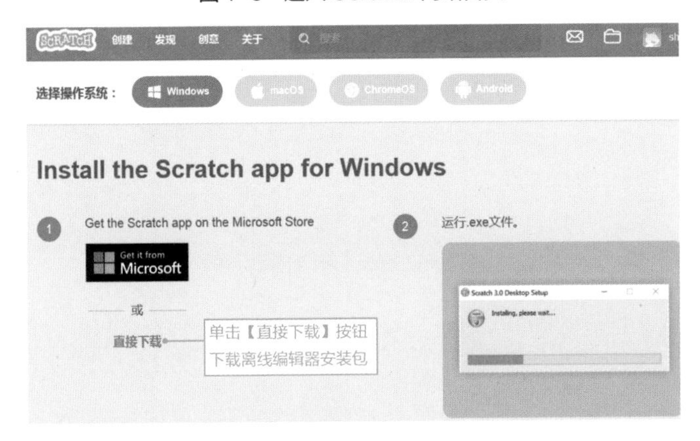

图 1-7　下载离线编辑器安装包

下载后请双击“Scratch Desktop Setup.exe”进行安装，稍等一下就可以在计算机桌面上看到“Scratch Desktop”的图标了，如图 1-8 所示。

图 1-8　“Scratch Desktop”图标

1.2 全新的工作环境

当离线编辑器安装完成后，在桌面上双击“Scratch Desktop”图标即可打开

Scratch 编辑器。图 1-9 所示是 Scratch 的工作环境，这里先对各区域做说明，以便读者能够快速进入学习状态。

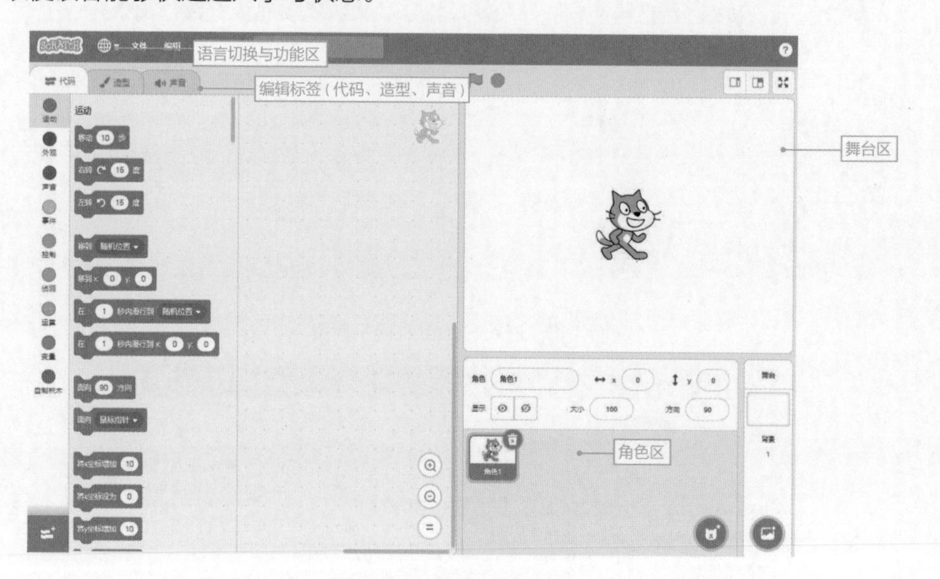

图 1-9　Scratch 工作环境

1.2.1 语言切换与功能区

Scratch 支持多种语言，在默认状态下窗口画面为英文版，如果你想将 Scratch 界面更换为中文，可以通过单击按钮来进行切换，如图 1-10 所示。

图 1-10　语言切换

在按钮🌐右侧则是功能区，【文件】功能主要提供新建项目、从计算机中上传、保存到计算机等功能；【编辑】功能则用于进行恢复或打开加速模式；而【教程】功能则提供动画、艺术、音乐、游戏、故事等各种类型的示例，让学习者可以根据教程一步步学习程序积木的使用技巧，如图 1-11、图 1-12 所示。

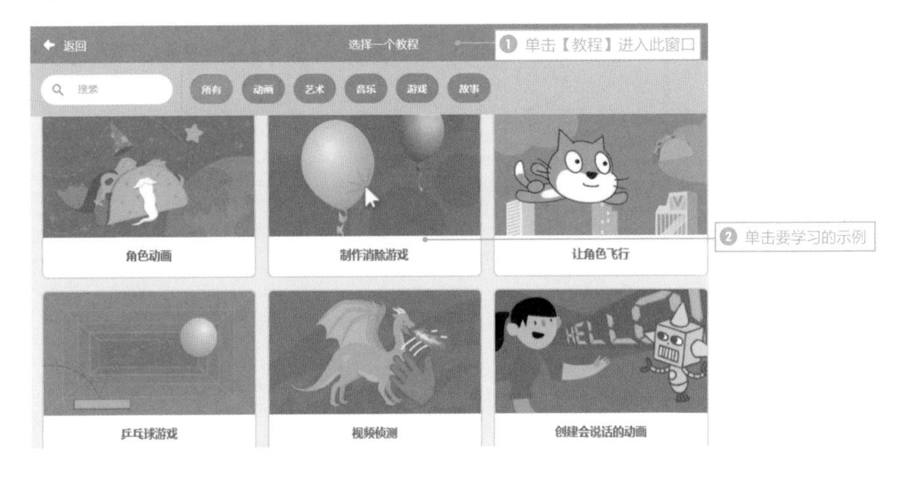

图 1-11　Scratch 3.0 教程的使用

图 1-12　Scratch 3.0 教程播放

1.2.2 舞台区

舞台区是显示场景安排与程序执行结果的地方。其原点 (0,0) 在舞台中央，水平方向为 x 轴，原点往右为正数，原点往左为负数；垂直方向为 y 轴，原点往上为正数，原点往下为负数。舞台区如图 1-13 所示。

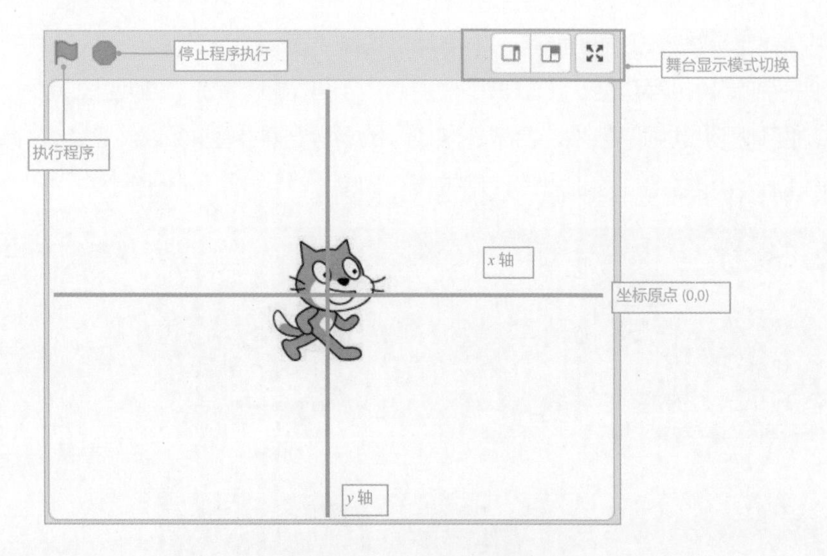

图 1-13　Scratch 舞台区

舞台区右上方有 3 个按钮，按钮 可做全屏幕的检视，其余两个按钮可做大 / 小舞台的切换。大舞台便于编排舞台上的角色，而小舞台可提供更大的指令编辑区域。左上方的绿旗 用于执行项目，红色按钮 用于停止项目的执行。

全屏幕模式如图 1-14 所示。

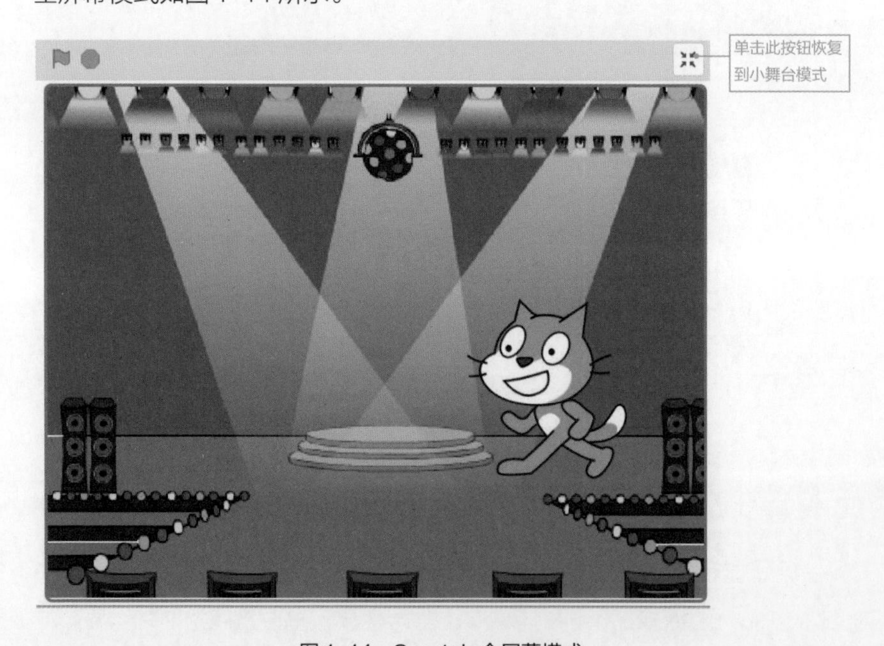

图 1-14　Scratch 全屏幕模式

小舞台模式如图 1-15 所示。

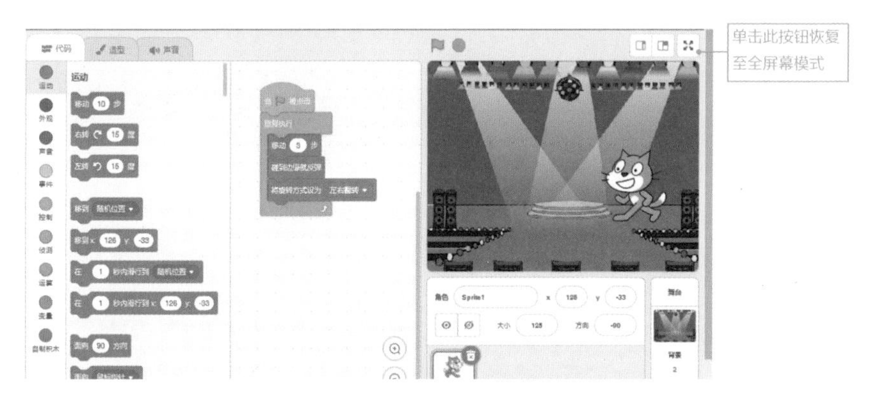

图 1-15 Scratch 小舞台模式（图中“点击”应为“单击”，下同）

1.2.3 角色区

角色区位于窗口的右下方，用来显示项目中所使用到的角色，如图 1-16 所示。默认状态下，角色区已有一个角色被选择，如需新增其他角色，可通过单击按钮来增设，而背景部分则通过单击按钮来新增或新绘。

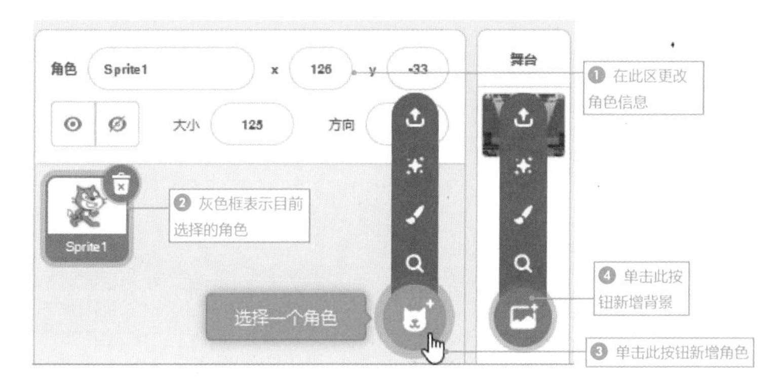

图 1-16 Scratch 角色区

选择角色后，在上方的白色区块中可更改角色名称、位置、旋转方向以及大小。

1.2.4 编辑面板

窗口左侧主要包含三大标签：代码、造型、声音。

【代码】标签

【代码】标签包含 9 种不同的程序类型，以不同颜色区分，方便用户辨识，右侧则显示该程序类型的程序积木。用户只要拖曳程序积木到右侧的脚本区，根据需要修改空格中的参数，再双击该积木，就可以看到执行的效果，如图 1-17 所示。

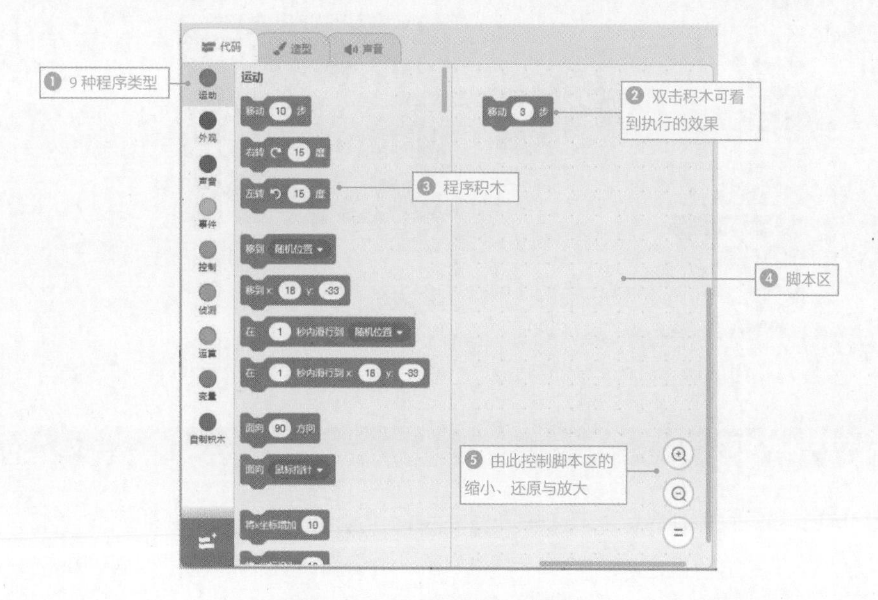

图 1-17　Scratch【代码】标签

【造型】标签

【造型】标签主要用于角色造型的新增或修改，它提供各种绘图工具和颜色，如图 1-18 所示。

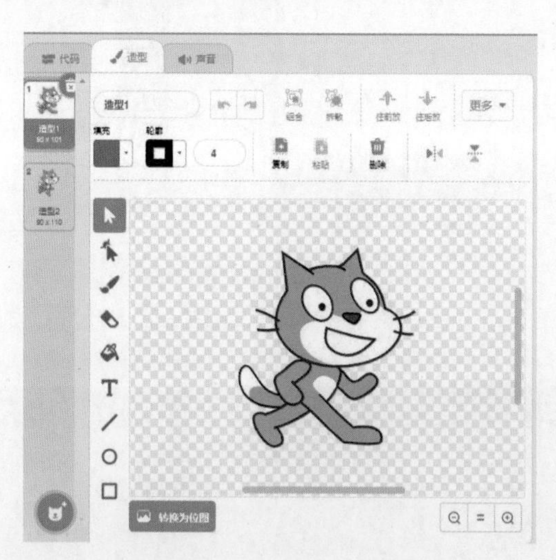

图 1-18　Scratch【造型】标签

如果在角色区里选择舞台背景，那么【造型】标签会自动变成【背景】标签，方便用户进行背景图片的编辑，如图 1-19 所示。

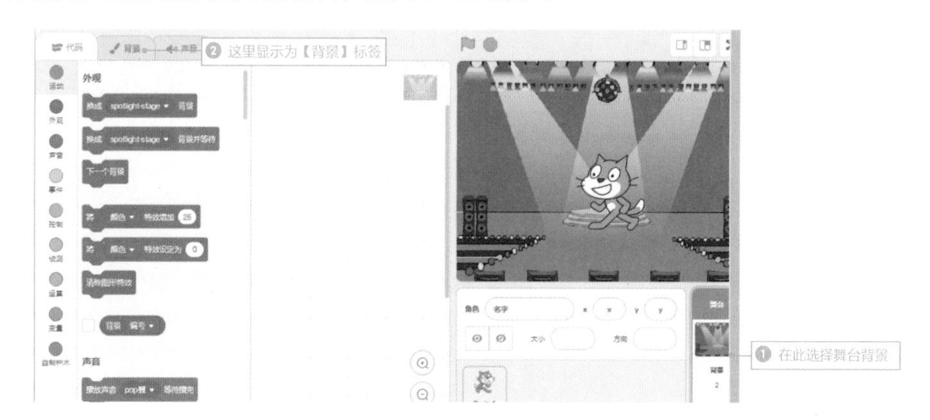

图 1-19 Scratch【背景】标签

【声音】标签

【声音】标签用于声音的播放、新增、录制、音量控制以及设定，如图 1-20 所示。

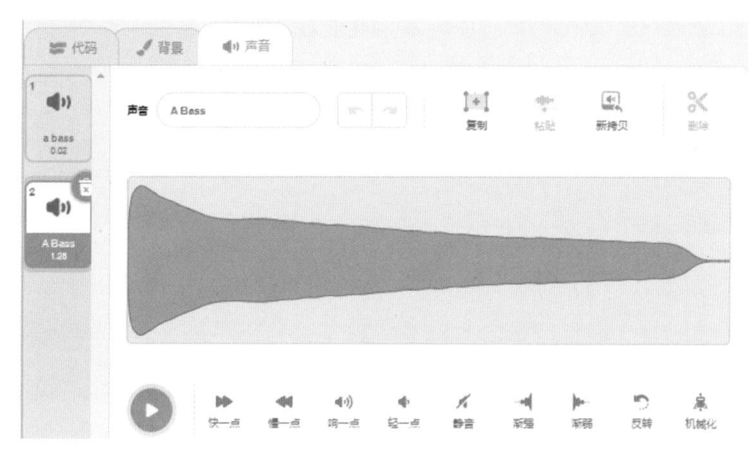

图 1-20 Scratch【声音】标签

1.3 项目的存储

Scratch 3.0 的特有项目格式是“*.sb3”，此格式的文件只有在安装了 Scratch 3.0 版本的计算机中才能够读取。一般来讲，新版本 Scratch 可以读取旧版本 Scratch 的文件，但是旧版本 Scratch 无法读取新版本“*.sb3”的文件。

要存储所编辑的项目，请在【文件】菜单中执行【保存到电脑】命令，接着在【另存为】对话框中输入文件名，最后单击【保存】按钮，如图 1-21 所示。

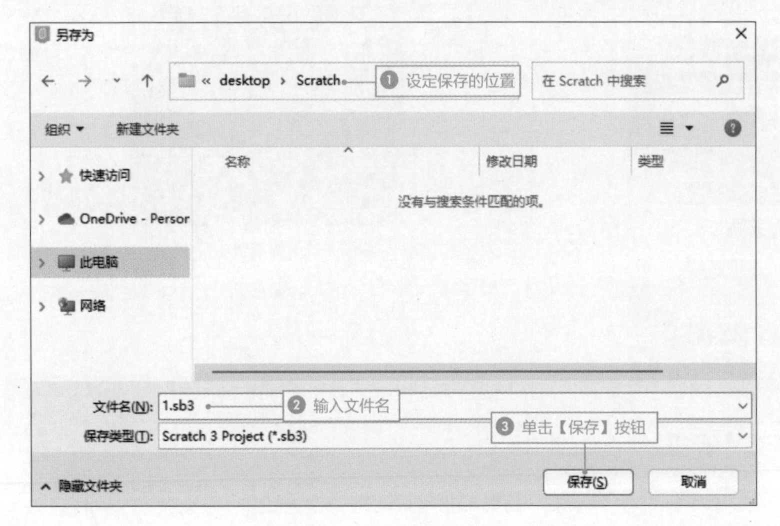

图 1-21　保存项目

第 2 章

快速学习 Scratch 的基本操作

章节导引	学习目标
2.1 新增角色	了解新增角色的 4 种方式
2.2 编辑角色与造型	了解角色的管理和造型的编辑
2.3 新增舞台背景	学会制作舞台背景
2.4 搭建程序积木	了解程序设计流程
2.5 声音的魔力	了解插入声音的 4 种方式

经过第 1 章的学习，相信各位读者对 Scratch 3.0 的窗口环境已经有了初步的认识。本章将对软件的操作技巧进行说明，包括角色的新增与编辑、舞台背景的新增、程序积木的插入、属性的修改，以及声音的插入等。

2.1 新增角色

Scratch 新增角色的方式有 4 种，用户可以通过单击角色区右下方的按钮来新增，如图 2-1 所示。

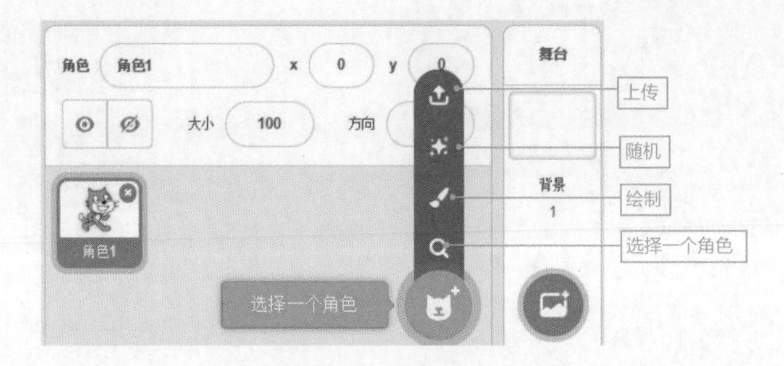

图 2-1　新增角色

2.1.1 从角色库中选择角色

Scratch 内有角色库，里面存放着各种类型的角色，只要选择角色缩略图，就可以将角色添加到角色区中，如图 2-2~ 图 2-4 所示。

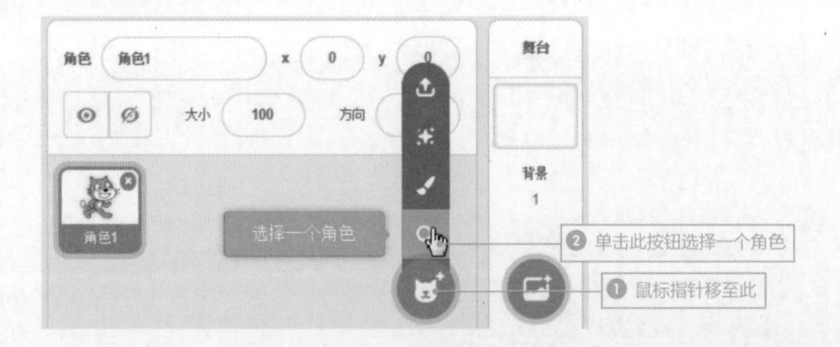

图 2-2　选择角色

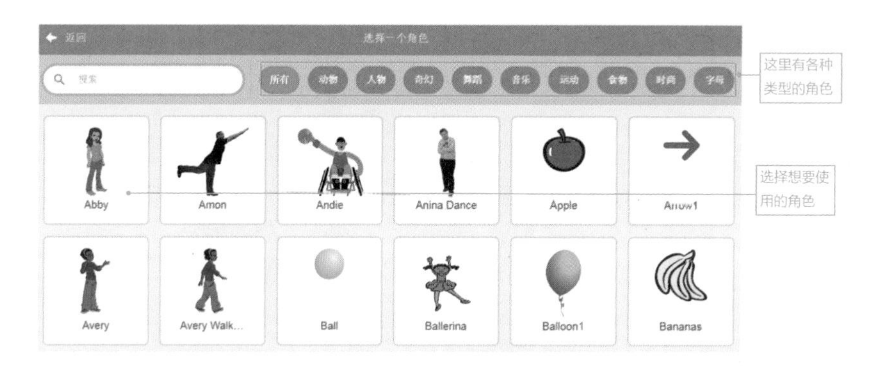

图 2-3 选择角色

图 2-4 增加角色到角色区

特别需要注意的是，利用如上方式所添加的角色都会拥有自己的指令动作。在 Scratch 中，允许同一个角色拥有多个造型变化，因此用户可以在【造型】标签中看到 4 个不同造型，而这 4 个造型则会执行同一个指令动作。

2.1.2 绘制新角色

如果角色库中没有你要的造型图案，可以利用 Scratch 所提供的绘图工具来自行绘制新角色，如图 2-5~ 图 2-9 所示。

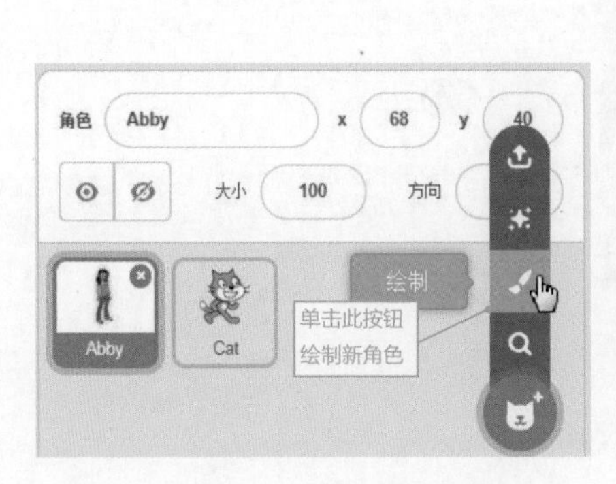

图 2-5　单击【绘制】按钮

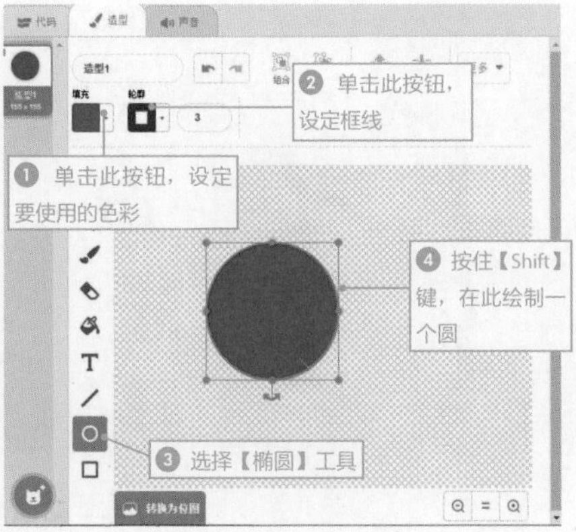

图 2-6　绘制角色

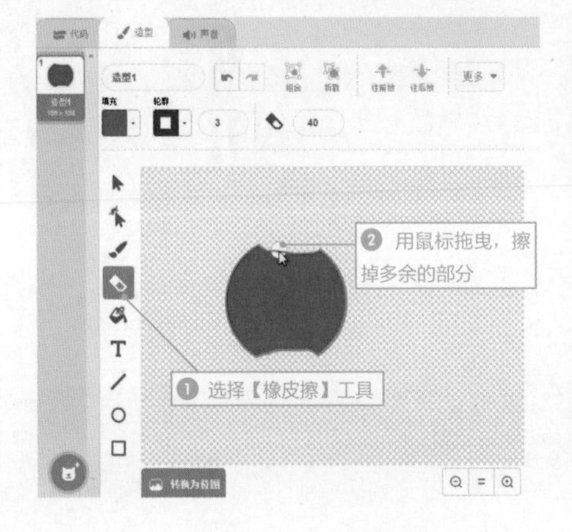

图 2-7　使用橡皮擦

图 2-8　使用笔刷

图 2-9　绘制的角色显示在角色区

· 2.1.3 上传角色

假如觉得从无到有绘制角色太花时间，可以将现成的图片添加到 Scratch 中使用。只要利用绘图软件将角色的背景去除，存储成无背景的 PNG 格式，就可以通过【上传角色】功能来添加角色，如图 2-10~ 图 2-12 所示。

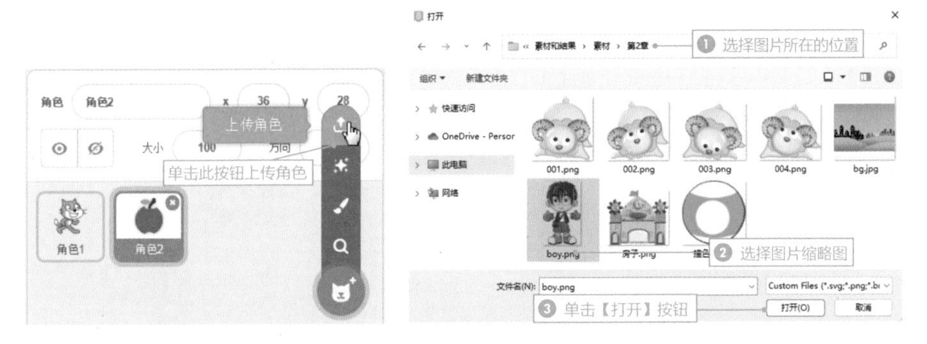

图 2-10　上传角色

图 2-11　选择需上传的角色图片

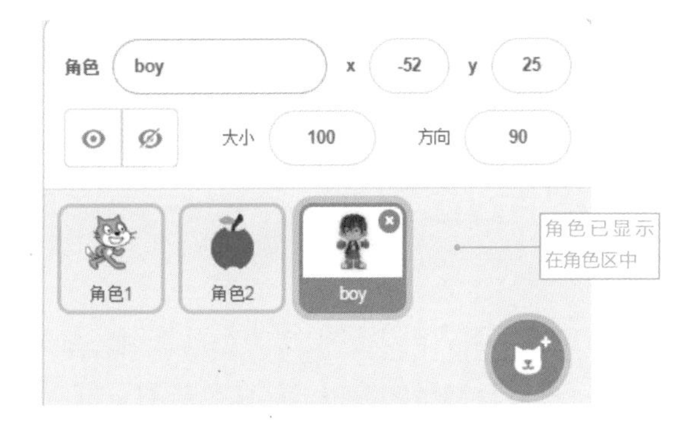

图 2-12　角色上传完毕

2.1.4 随机的角色

在新增角色时，如果单击【随机】按钮，那么每次出现的角色都不相同，如图 2-13 所示。

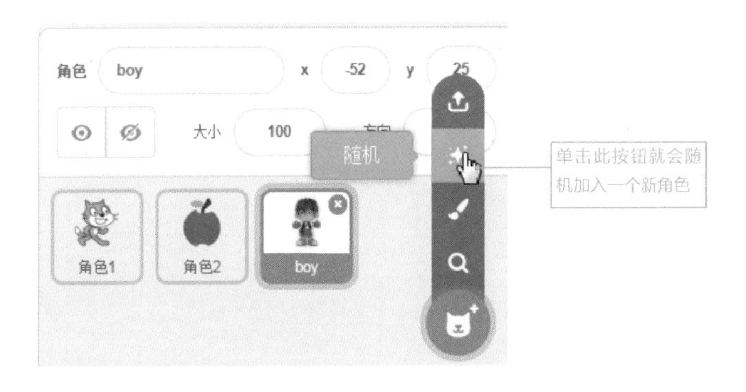

图 2-13　单击【随机】按钮增加新角色

Scratch技巧

右击角色区所绘制或使用的角色，执行【导出】命令，将选定的角色存储为"角色2"。储存下来的角色只有Scratch可以读取，在其他项目中可以通过单击角色区的【上传角色】按钮添加到角色区中，如图2-14、图2-15所示。

图2-14　从角色区导出角色　　图2-15　上传导出的角色

2.2 编辑角色与造型

通过上一节介绍的方式，用户可以轻松将角色添加到Scratch中。接下来我们将介绍角色区的角色管理以及造型的编辑，让角色能够更符合用户的需求。

2.2.1 复制角色

角色区插入角色后，对于相似度高的角色，可以使用【复制】方式来增设。以"撞球"为例，这里介绍如何快速制作其他的"撞球"角色，如图2-16~图2-19所示。

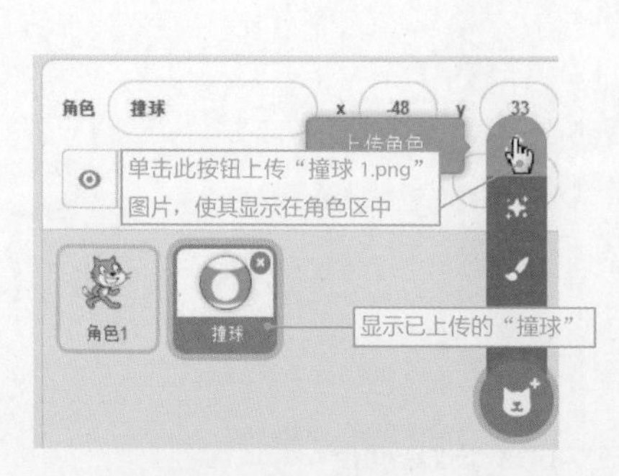

图2-16　上传"撞球"新角色

图2-17　编辑"撞球"新角色

图 2-18 复制“撞球”角色

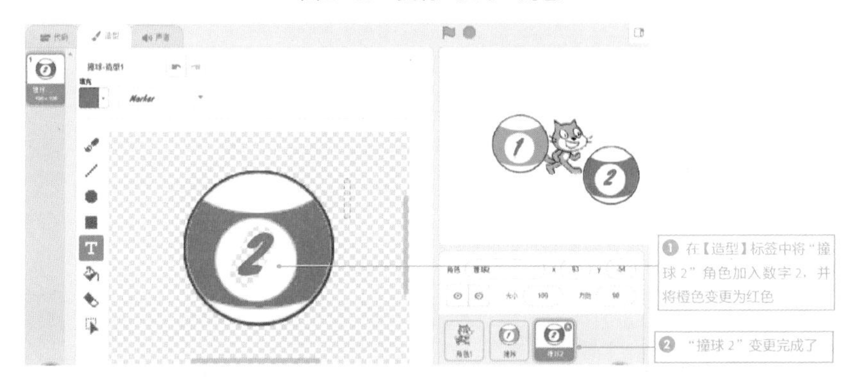

图 2-19 编辑“撞球 2”角色的造型

2.2.2 删除角色

角色区的角色越来越多时，如果确定某些角色不会再用到，可以将它们删除，如图 2-20、图 2-21 所示。

图 2-20 删除角色　　图 2-21 删除完毕

2.2.3 一个角色多种造型

一个角色可以拥有多种造型，利用程序来控制，就可以让多种造型不断地替换或循环。

为单一的角色新增造型，主要利用【造型】标签来处理，而新增造型的方式与新增角色的方式相似。此处以上传造型的方式做示范，如图 2-22~ 图 2-24 所示。

图 2-22　切换到“羊咩咩”的【造型】标签

图 2-23　选择“羊咩咩”的造型　　　　图 2-24　“羊咩咩”的新造型上传完毕

补充说明

在进行造型设定时，【选择一个造型】按钮 中还提供【拍照】功能，只要你的计算机上安装了摄像头，就可以使用【拍照】功能来新增造型，如图 2-25 所示。拍摄完成后会出现【保存】按钮，单击此按钮就会将该造型存储在【造型】标签里。

图 2-25　拍照上传新造型

2.3 新增舞台背景

本节介绍舞台背景的制作方法。只有动感十足的角色，没有搭配精致的背景舞台，可能无法让画面吸引众人目光。因此这里学习舞台背景的新增方式。

2.3.1 选择背景库

Scratch 的背景库中存放着各式各样的背景画面，用户可以通过使用角色区或单击【背景】标签中的按钮来新增背景，如图 2-26~ 图 2-28 所示。

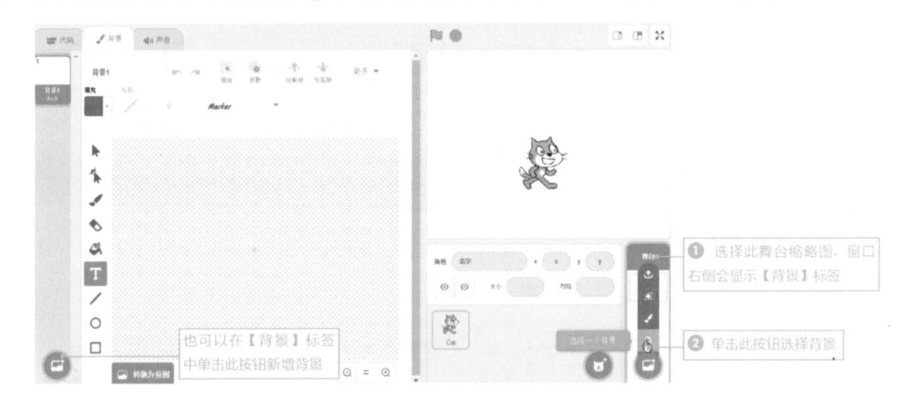

图 2-26　新增背景

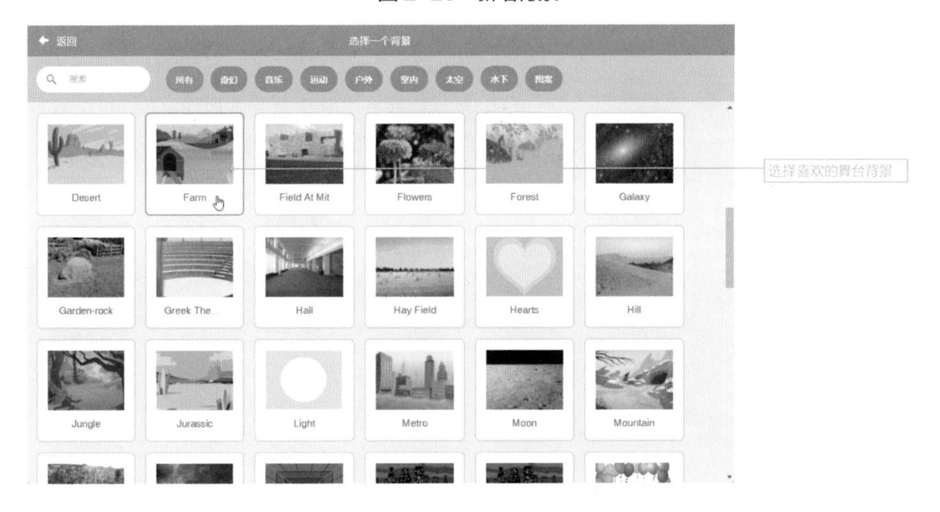

图 2-27　选择背景

图 2-28　背景显示

若要删除多余的空白舞台，只要选择后右击并执行【删除】命令或是单击缩略图右上角的按钮即可。

2.3.2 上传背景

自行绘制背景会耗费较多的时间，可以使用现成的背景底图。Scratch 的舞台尺寸宽为 480 像素、高为 360 像素，用户可以先利用绘图软件将图片裁剪或缩放成这个比例，再上传到 Scratch 里。如果不熟悉其他的绘图软件，也可以上传到 Scratch 后，再用【选取】工具来做缩放，如果插入的图形并非 4 ： 3 的比例，则画面会有变形的情况发生。上传背景的过程如图 2-29~ 图 2-32 所示。

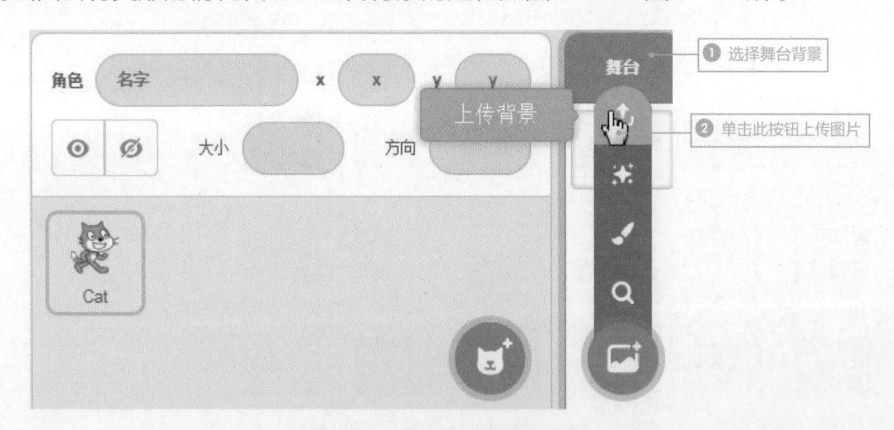

图 2-29　单击【上传背景】按钮

图 2-30　选择上传的背景图片

图 2-31　修改上传的背景

图 2-32　显示上传的背景

2.3.3 绘制背景

除了在 Scratch 的背景库中选用背景或上传现有的图片外，还可以利用 Scratch 所提供的绘图工具来绘制新背景，绘制时能够插入图片混搭使用。以下就为读者做示范说明，同时介绍相关工具的使用技巧，如图 2-33~ 图 2-38 所示。

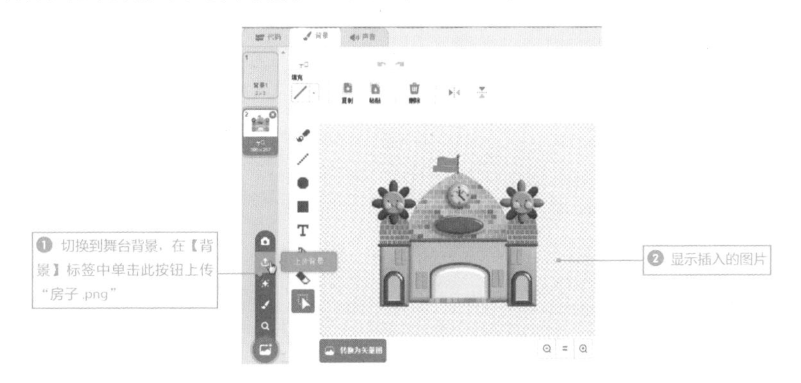

图 2-33　在背景标签中上传背景

图 2-34 给背景填充颜色

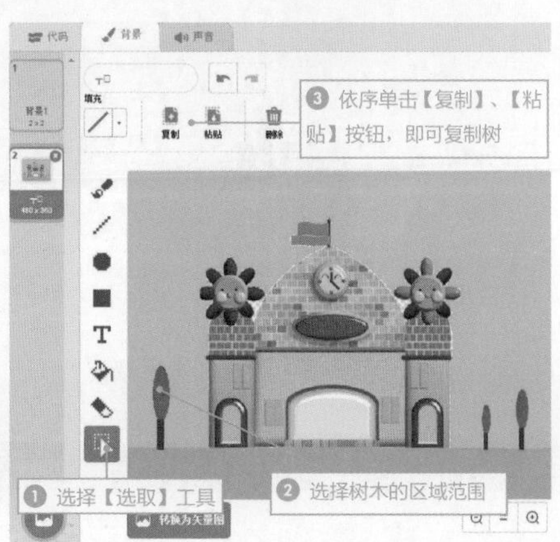

图 2-35 给地面背景填充颜色

图 2-36 给背景绘制树木造型

图 2-37 复制树木造型

图 2-38 完成背景绘制

2.3.4 从摄像头选择新背景

若要直接使用摄像头来获取背景图像，单击按钮 后调整拍摄的位置和角度即可，如图 2-39、图 2-40 所示。

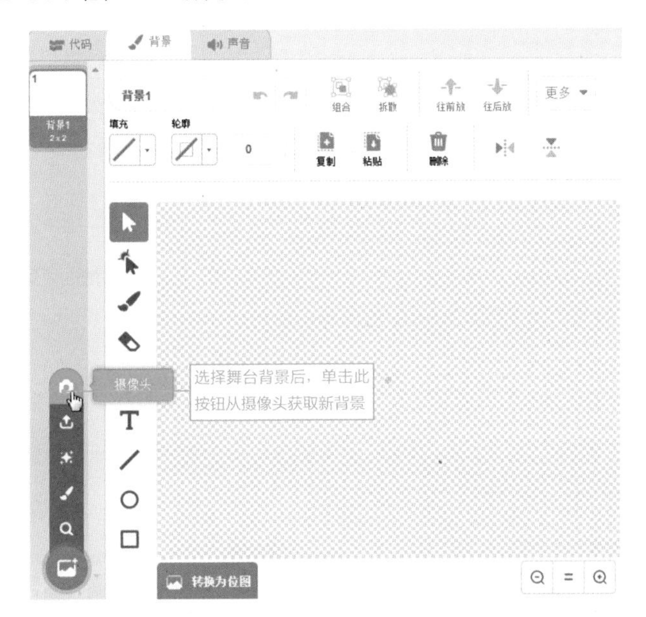

图 2-39 使用摄像头拍摄背景

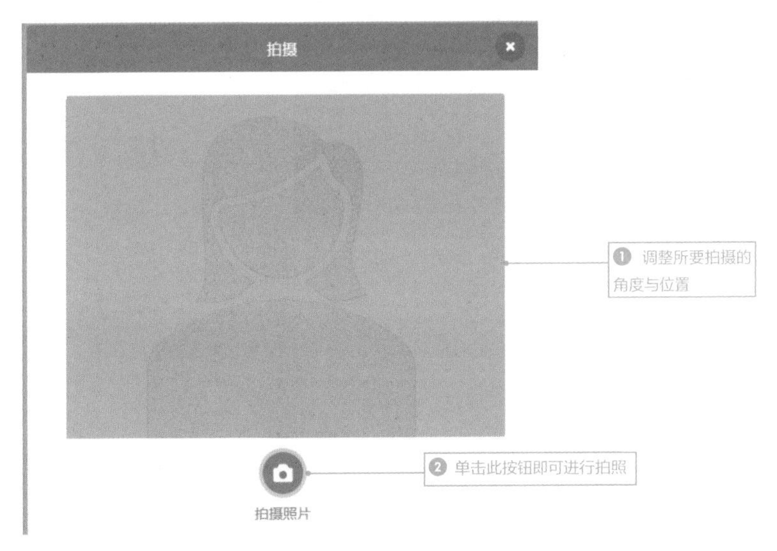

图 2-40 拍照

拍照并存储后，照片就会显示在【背景】标签中。如需调整照片大小与位置，可以使用【选取】工具选定范围后再进行缩放。

2.4 搭建程序积木

前面我们已经将舞台背景、角色和造型的新增或修改等技巧做了完整的说明，相信各位已经迫不及待地想要大显身手一番。不过请再稍等一下，因为 Scratch 最大的特点就是可以通过使用积木的搭建产生动态或交互式的画面，所以这里要先做些简要的程序说明。

2.4.1 程序执行与全部停止

假设用户已在 Scratch 的脚本区中加入程序积木，那么单击舞台区左上方的绿旗可执行该程序，如图 2-41 所示。单击红色按钮则可停止程序的执行。

图 2-41 播放项目文件

2.4.2 脚本的九大类型

在 Scratch 的【代码】标签内的程序积木共分为 9 种类型，【事件】负责整个程序的启动，而程序的执行则由【运动】【外观】【声音】【控制】【侦测】【运算】【变量】【自制积木】等所属的程序积木搭建而成。

此处先简要说明程序区里的 9 种程序类型及其包含的功能，如表 2-1 所示。

表 2-1　Scratch 中程序区的程序类型及其功能

程序类型	功能
运动	设置角色的移动、旋转角度、坐标位置、移动方向或滑行位置
外观	用于角色的造型切换、显示文字、大小、特效改变、图层位置、显示或隐藏等外观的控制
声音	控制播放的声效、节奏、音量或停止所有声音
事件	主要控制程序的启动。诸如单击绿旗、按空格键 / 方向键 / 字母键、单击角色、广播、背景切换等的侦测，以便开始执行下一行的程序积木
控制	控制等待的时间、重复的次数、不停重复、如果否则条件、创造分身或分身产生时所执行的动作
侦测	用来侦测事件发生与否。诸如：角色碰到边缘 / 鼠标指针、碰到颜色、单击鼠标、鼠标指针坐标位置、定时器、目前时间等
运算	有关加 / 减 / 乘 / 除的运算、随机选一个数、大小判断、四舍五入、逻辑条件判断
变量	用来产生变量或列表
自制积木	可新增程序积木

2.4.3 脚本与程序的设计

以上面的“羊咩咩”为例，各位可以看到当绿旗被单击时，画面中的“羊咩咩”会不停地变换动作。也就是说，角色会每隔 0.5 秒依序显示下一个造型，而且不断地重复。根据这样的脚本设计，那么可以利用以下的程序积木来搭建出程序执行的流程。

- 事件：当绿旗被单击。
- 控制：等待 0.5 秒。
- 外观：下一个造型。
- 控制：不停重复。

2.4.4 加入程序积木

了解脚本的内容后，现在准备在脚本区里添加程序积木。请先打开“羊咩

咩 .sb3”，然后跟着说明进行设定。

让羊咩咩变换造型

在“羊咩咩 .sb3”的范例中，我们只建立了一个角色——羊咩咩，而“羊咩咩”包含了 4 个不同的造型，如图 2-42 所示。

图 2-42 “羊咩咩”的 4 种造型

首先让“羊咩咩”可以变换到下一个造型，如图 2-43、图 2-44 所示。

图 2-43 给“羊咩咩”添加程序积木

图 2-44 播放“羊咩咩”程序积木

不停重复造型变换

当我们在脚本区里依序单击下一个造型积木时，可以看到造型依序在变换。不过手动操控太麻烦了，现在要利用程序来控制，让“羊咩咩”可以不停地重复做造型变换，如图 2-45、图 2-46 所示。

图 2-45　给“羊咩咩”的添加【重复执行】程序积木

图 2-46　播放“羊咩咩”程序积木

深入研究

【重复执行】的程序积木呈现“匚”字形，表示程序会不停地重复执行其内层的动作指令。

等待 0.5 秒后再换下一个造型

当单击【重复执行】积木时，会看到“羊咩咩”以飞快的速度在变换造型，因此我们要通过使用【控制】类型的程序积木来让变换的速度变慢，如图 2-47、图 2-48 所示。

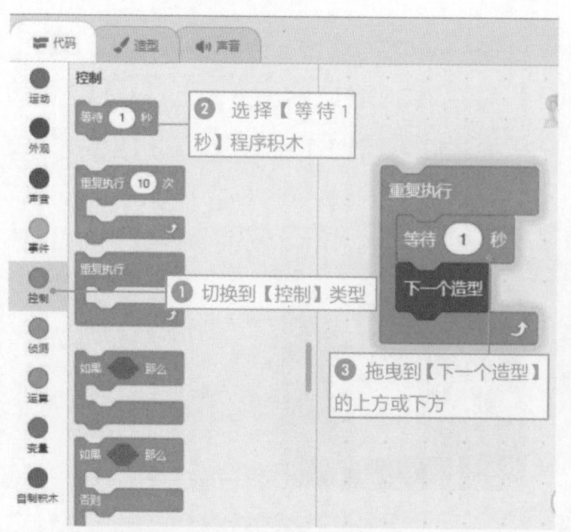

图 2-47　增加等待时间

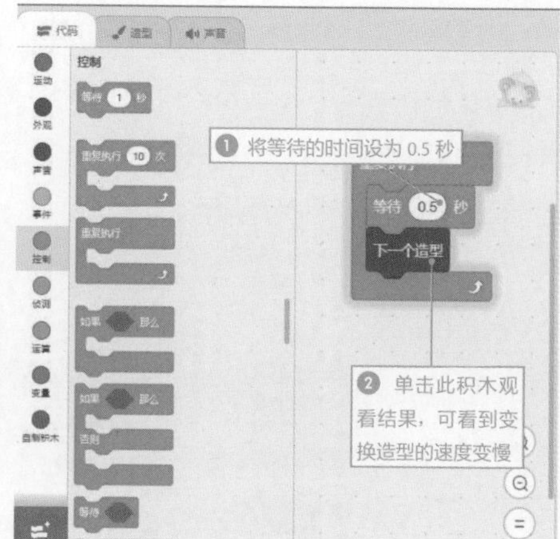

图 2-48　修改等待时间

设定由绿旗启动程序

在 Scratch 中观看者都是通过单击绿旗来启动程序的，因此在刚刚设定的动作中也必须加入【事件】类型中的 程序积木，这样单击绿旗按钮时 Scratch 才会启动程序，如图 2-49 所示。

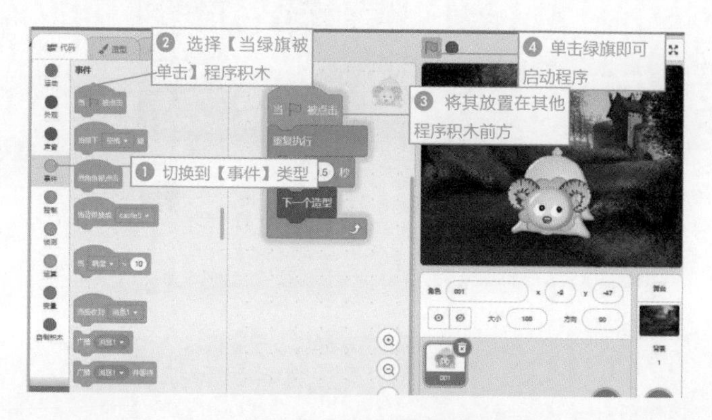

图 2-49　单击绿旗运行程序积木

通过上面的解说，相信各位可以清楚地了解整个设计流程，也能够将设计的脚本与程序积木相结合。

2.5 声音的魔力

Scratch 提供的插入声音的方式有 4 种，这 4 种方式都是通过【声音】标签来处理的。【随机】是由 Scratch 随机地加入声音，这里介绍其他 3 种声音的插入方式，如图 2-50 所示。

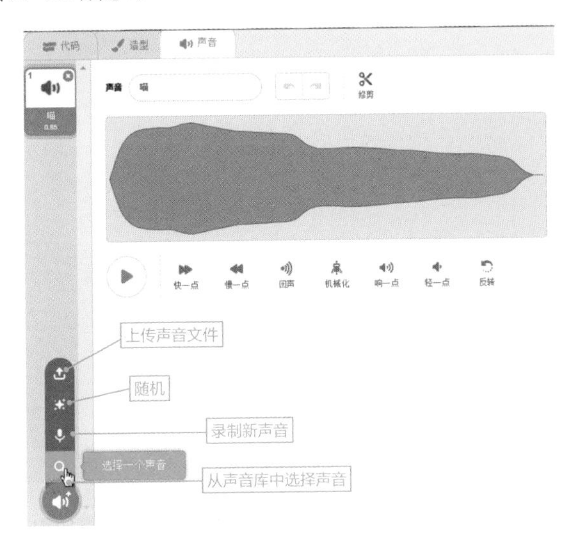

图 2-50　选择声音文件

2.5.1 从声音库中选择声音

在【声音】标签中单击按钮，可以从音效库中选择 Scratch 内的声音，如图 2-51 所示。

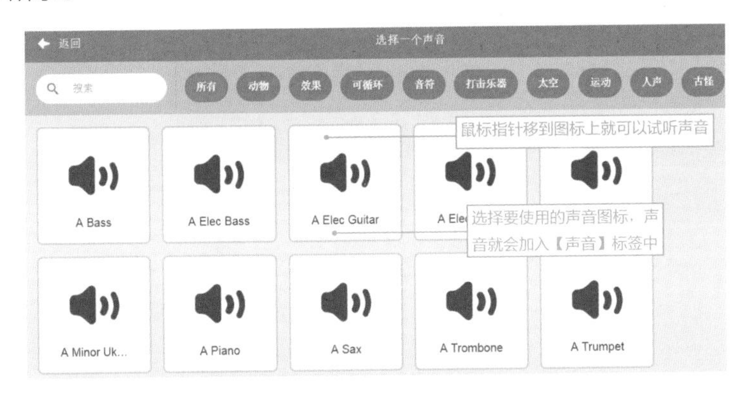

图 2-51　选择声音文件

2.5.2 录制新声音

假如你想将声音录制到 Scratch 编辑器中，那么请将麦克风连接到计算机，单击【声音】标签中的【录制】按钮，并依照如下的步骤进行录音，如图 2-52~图 2-54 所示。

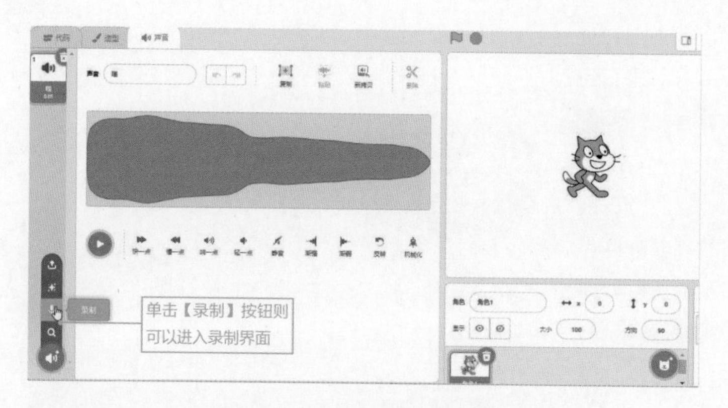

图 2-52　录制声音文件（1）

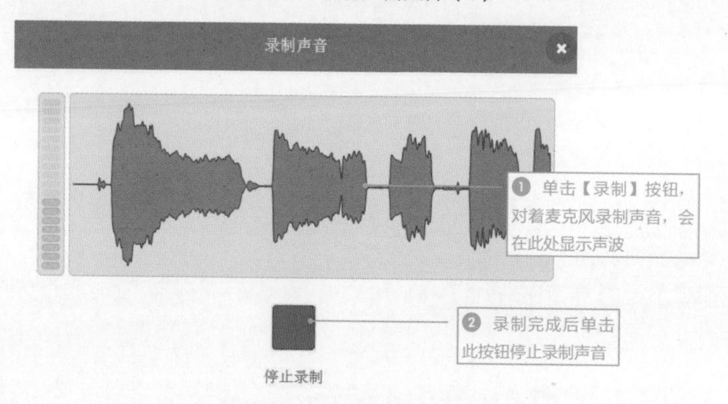

图 2-53　录制声音文件（2）

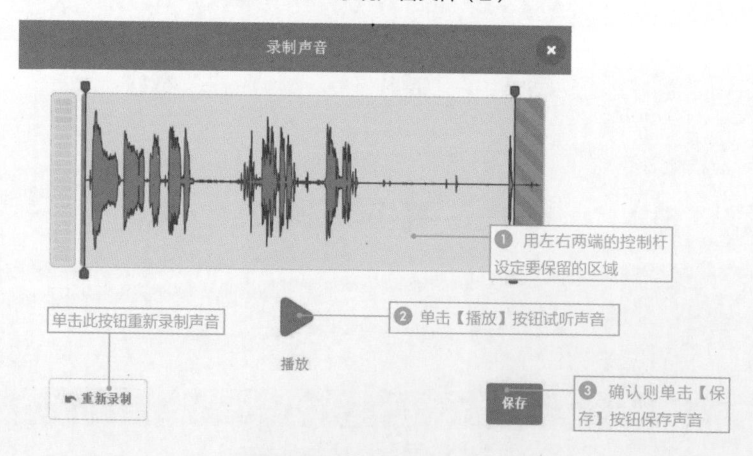

图 2-54　保存录制的声音文件

2.5.3 上传声音

计算机上现成的声音文件只要是“*.wav”或“*.mp3”格式，就可以单击按钮进行上传，如图 2-55 所示。

图 2-55 上传现有的声音文件

2.5.4 编辑声音与效果

声音加到 Scratch 后，【声音】标签还提供各项编辑功能，包括快一点、慢一点、响一点、轻一点、静音、渐强、渐弱、反转、机械化等功能，如图 2-56 所示。直接单击相应按钮就可以加入该效果。

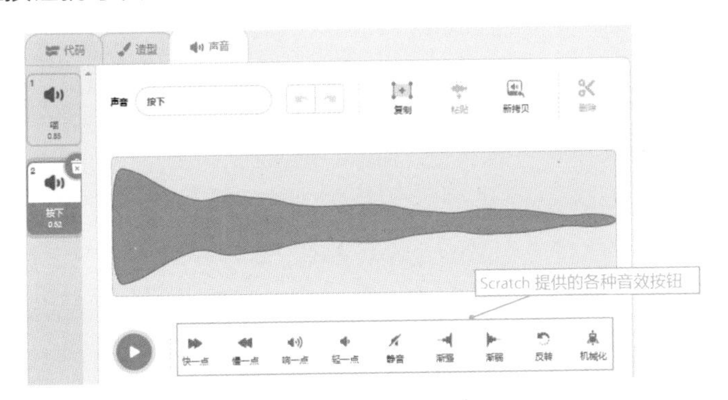

图 2-56 编辑声音文件

2.5.5 加入【声音】程序积木

声音上传到 Scratch 后，还必须使用【代码】标签中的【声音】类型控制声音的播放。此处我们使用“羊咩咩 Ok.sb3”做说明，如图 5-27、图 2-58 所示。

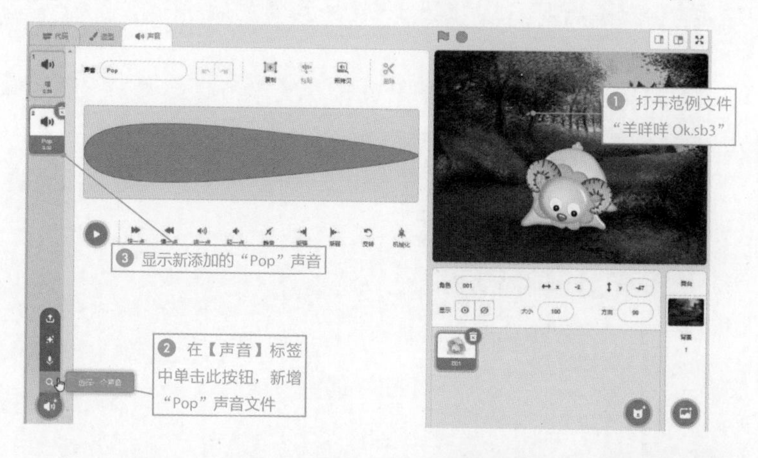

图 2-57　新增“Pop”声音文件

图 2-58　增加声音程序积木

现在已经对 Scratch 的各项基本操作技巧做了说明，相信读者对于角色 / 舞台的新增、程序积木的搭建、声音的处理等都有了完整的概念。第 3 章开始将以各种范例做说明，希望读者能够将程序区的各项程序积木灵活运用在创意设计中。

动态贺卡的设计

章节导引	学习目标
3.1 脚本的设计	了解本章脚本的设计
3.2 排版	了解排版操作
3.3 变换舞台背景颜色	掌握使用搭建程序的方法
3.4 图像的放大缩小	学会放大与缩小图像
3.5 文字的平移与反弹	学会平移与反弹文字
3.6 背景音乐的添加与播放	学会添加和播放背景音乐

本章设计

3.1 脚本的设计

本范例将以情人节为主题，设计一张动态卡片。此卡片利用程序积木控制，让心形图片放大 / 缩小，让“情人节快乐”几个字左右移动，而舞台背景则做颜色特效的改变。本范例所包含的对象如表 3-1 所示。

表 3-1　情人节范例中的缩略图、文件名及其说明

缩略图	文件名	说明
	背景 .png	舞台背景按橙、黄、绿、蓝、紫、红色等顺序依次变换色彩
	心 .png	重复不断地做放大及缩小的变化
情人节快乐	情人节快乐 .png	“情人节快乐”等文字不断地做水平方向的移动，而遇到舞台边界则反方向移动
	礼物 .png	装饰作用，不做任何动作设定

3.2 排版

首先将相关的图片依次插入 Scratch 中，并完成排版。

· 3.2.1 上传舞台背景

执行【文件 / 新建项目】命令显示新项目，请按照下面步骤上传舞台背景，如图 3-1~ 图 3-3 所示。

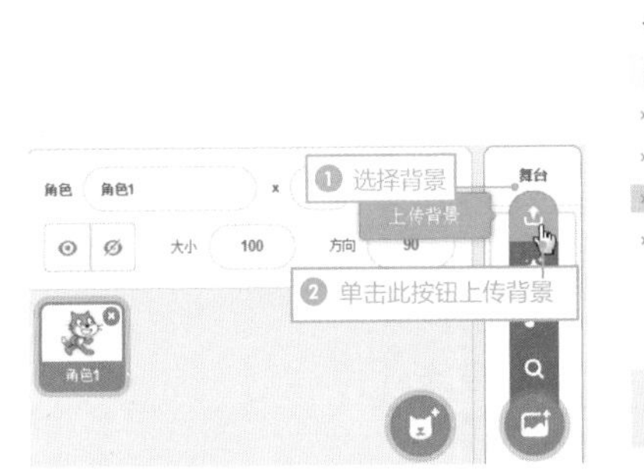

图 3-1　上传背景

图 3-2　选择背景文件

图 3-3　删除多余的空白舞台

3.2.2 上传角色

舞台背景上传后，上传相应的角色图片，如图 3-4~ 图 3-6 所示。

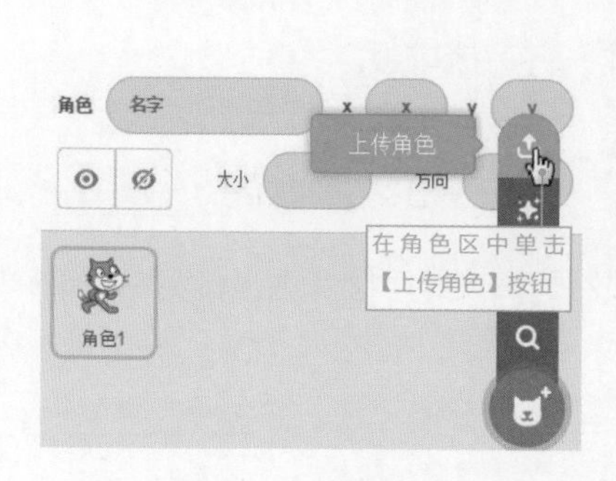

图 3-4　上传角色

图 3-5　选择多个角色

图 3-6　删除多余角色

将角色区中多余的角色或舞台背景加以清除，这样不但可以减少多余的角色，而且对于日后文件的修改也有好处。

3.3 变换舞台背景颜色

在舞台背景方面，若希望背景图片能自动地变换色彩，可利用【外观】类型中的【将颜色特效增加 __ 】来实现；若希望颜色变换的速度不要太快，可用【控制】

类型的【等待 __ 秒】功能来实现；而要让舞台背景能够在项目开始播放时就自动不停地变换颜色，必须加入【事件】类型的【当绿旗被单击】及【控制】类型的【重复执行】功能。

根据上面的脚本概念，会用到以下程序积木来搭建程序，如图 3-7~ 图 3-11 所示。

- 事件：当绿旗被单击。
- 外观：将【颜色】特效增加 __。
- 控制：等待 __ 秒。
- 控制：重复执行。

图 3-7　增加颜色程序积木

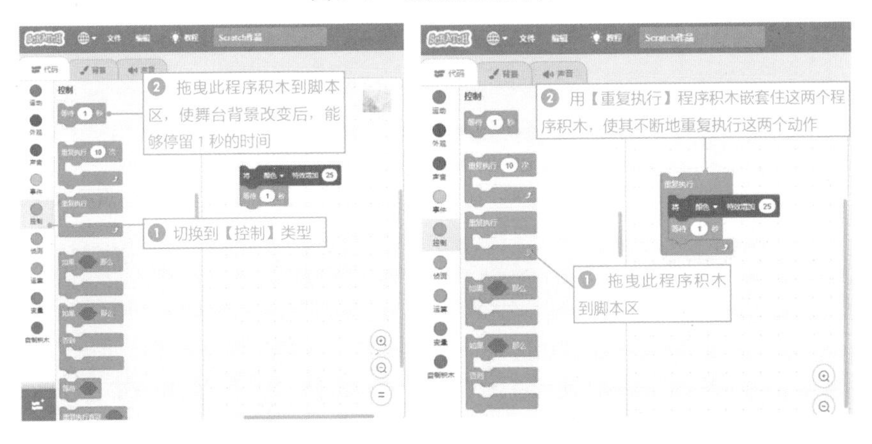

图 3-8　增加等待程序积木

图 3-9　增加【重复执行】程序积木

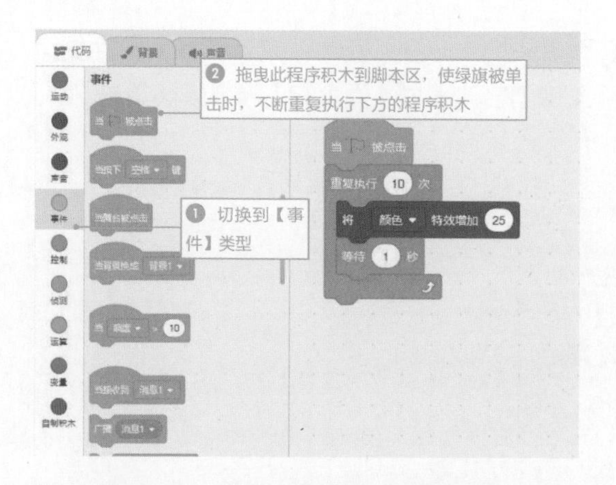

图 3-10　增加当绿旗被单击的程序积木

图 3-11　运行效果图

3.4 图像的放大缩小

要让角色能够变大或变小，【外观】类型中的【大小设为 __】功能就可以派上用场。通常原尺寸设为 100%，若要缩小，可将数值设定为小于 100%；若要放大，则将数值设定为大于 100% 即可，比例的多少可根据画面的需求来做调整。

当图形分别做 5 次缩小（90%）及放大（110%）后，就让此动作不断地重复执行。而执行此动作前仍然要加入【事件】类型的【当绿旗被单击】，这样当单击绿旗时才会显示缩放的效果。整体步骤如图 3-12~ 图 3-17 所示。

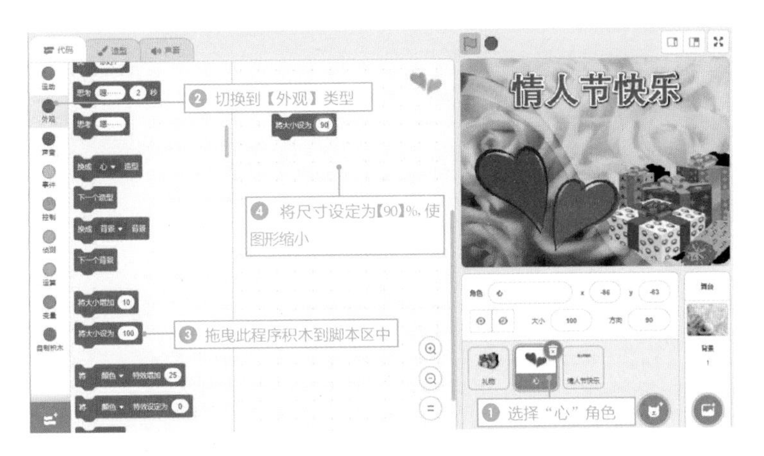

图 3-12　给“心”形角色添加程序积木

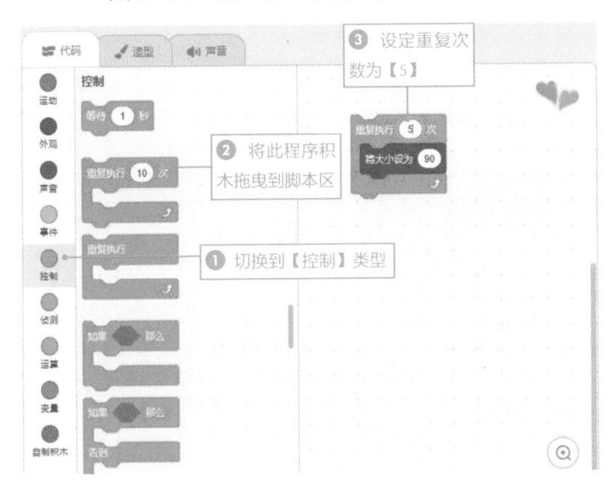

图 3-13　添加重复执行 __ 次程序积木

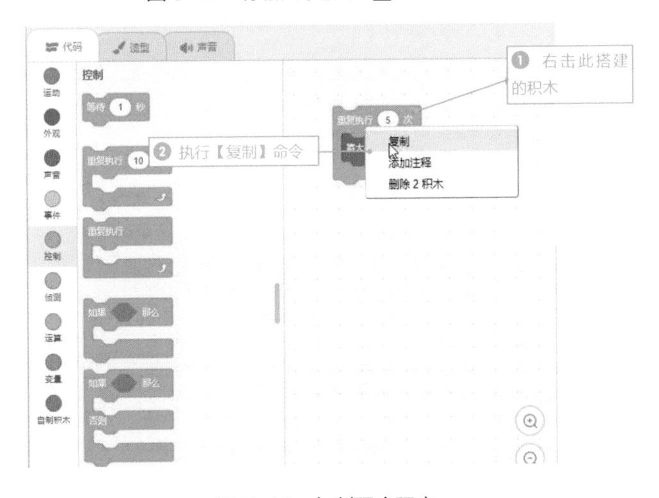

图 3-14　复制程序积木

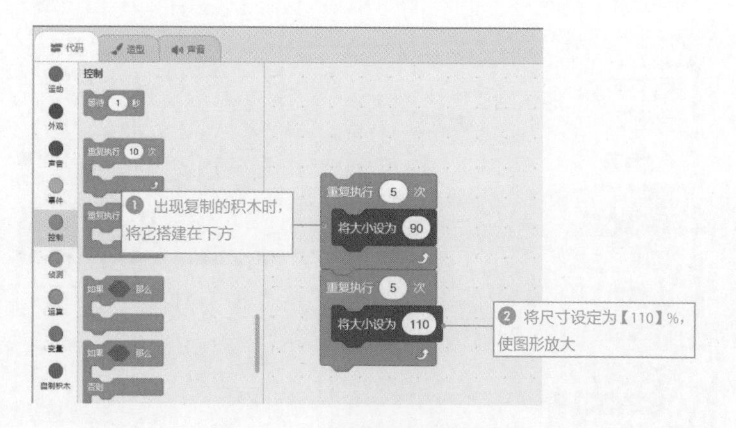

图 3-15　修改复制的程序积木

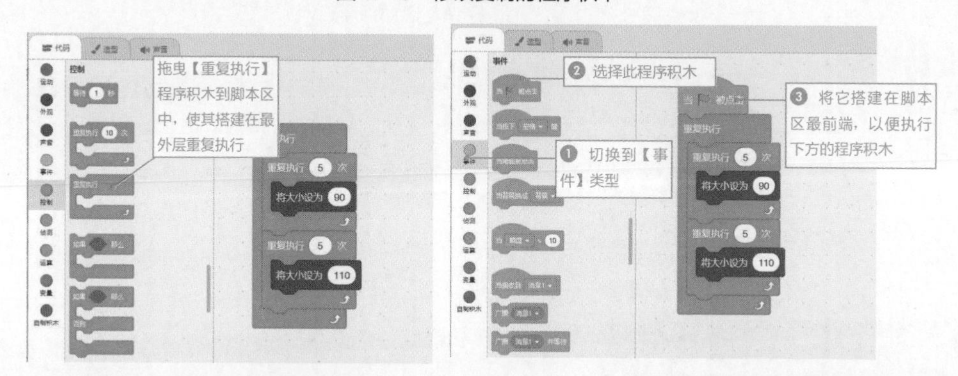

图 3-16　添加重复执行程序积木　　　　图 3-17　添加当绿旗被单击程序积木

特别注意的是【重复 5 次】【将尺寸设定为 90%】，是指 5 次都将原尺寸 100% 的图形缩小成 90%，所以重复的次数越多，可看到它缩放的速度越慢，读者可以自行尝试。

3.5 文字的平移与反弹

要让【情人节快乐】等文字能够左右平行移动位置，且遇到舞台边界就反弹往另一方向继续平移，会运用到以下程序积木。

- 运动：移动 __ 步。
- 运动：碰到边缘就反弹。

另外，必须加入【事件】类型中的【当绿旗被单击】和【控制】类型中的【重复执行】，这样当绿旗被单击时，才会不断地重复上面设定的动作。整体步骤如

图 3-18~ 图 3-21 所示。

图 3-18　给“情人节快乐”角色添加程序积木（1）

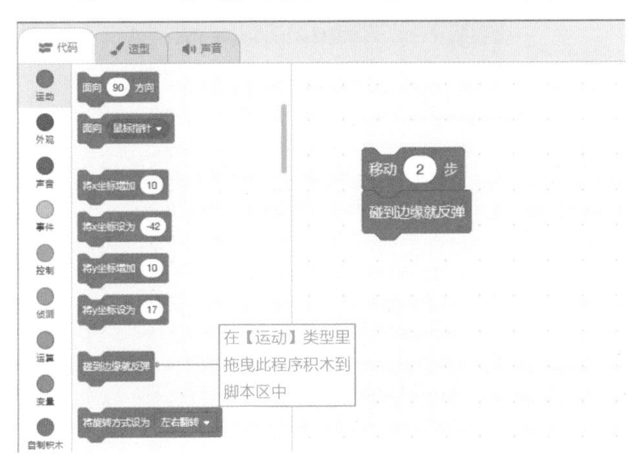

图 3-19　给“情人节快乐”角色添加程序积木（2）

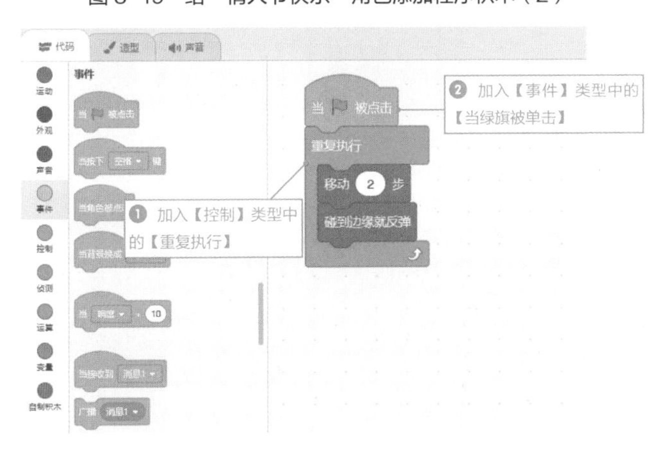

图 3-20　给“情人节快乐”角色添加程序积木（3）

图 3-21 播放程序积木

补充说明

如果发现“情人节快乐”角色移到边界反弹时文字会翻转方向，可加入【运动】类型中的【将旋转方式设为 __】程序积木，并选择【不可旋转】选项，如图 3-22 所示。

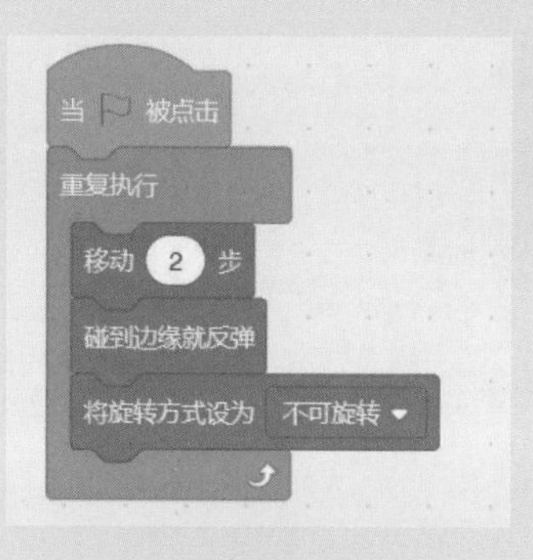

图 3-22 设置旋转方式

3.6 背景音乐的添加与播放

祝贺卡片中若少了背景音乐做陪衬，会显得比较单调，因此我们要利用【声音】标签，从声音库中选择适合的声音，然后通过【声音】类型的程序积木来控制声音的播放，如图 3-23~ 图 3-26 所示。

图 3-23　选择音乐文件

图 3-24　选择声音库中的音乐文件

图 3-25　显示音乐文件

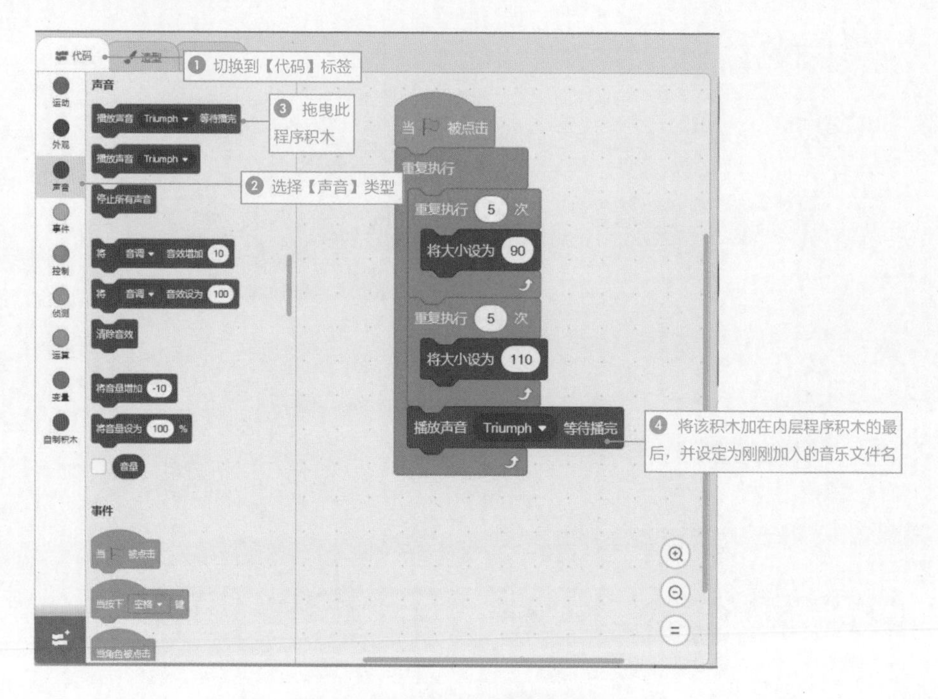

图 3-26 添加对应的声音程序积木

情人节卡片设定完成，单击绿旗即可播放效果。

超萌宝宝的魔法变装秀

章节导引	学习目标
4.1 脚本的规划与说明	了解本章脚本的规划
4.2 角色与背景的排版	掌握角色与背景的排版方法
4.3 用程序积木编写动画故事	学会用程序积木来编写动画故事

本章设计

4.1 脚本的规划与说明

这个范例是表现爸妈不在家，小宝宝独自玩耍时心里想的内容以及所说出来的话，配合多个背景的穿插与多个角色造型的变换，让动画故事变得生动而活泼。

此范例学习的程序重点集中在【运动】与【外观】两个类型，包括如下相关的程序积木，如表 4-1 所示。

表 4-1　范例需要的程序积木及说明

程序积木	说明
运动	将 x 坐标设为 __、将 y 坐标设为 __、在 __ 秒内滑行到 x: __ y: __
外观	换成 __ 背景、换成 __ 造型、思考 __ __ 秒、说 __ __ 秒

除此之外，我们还将介绍如何将背景图存储到计算机并加工处理，以及造型中心点的设定。

4.2 角色与背景的排版

在排版方面，首先将角色及其相关的造型插入角色区中备用。在背景舞台方面，此次将使用背景库中的背景图片，同时转存到个人计算机上做加工处理后，再插入 Scratch 中使用。

4.2.1 新增角色到舞台区

执行【文件/新建项目】命令显示新文件后，请按照下面步骤新增角色及其造型，如图 4-1~ 图 4-5 所示。

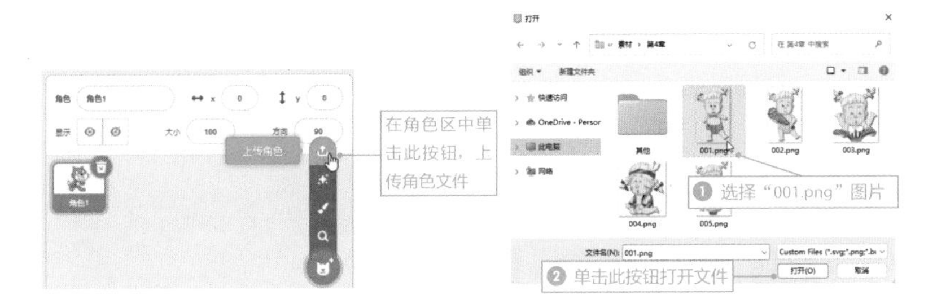

图 4-1　上传角色　　图 4-2　选择角色文件

图 4-3　上传造型文件

图 4-4　选择造型文件

图 4-5　显示造型文件

4.2.2 从背景库中选择舞台背景

在此范例中，我们直接在角色区中新增舞台背景，如图 4-6~ 图 4-8 所示。

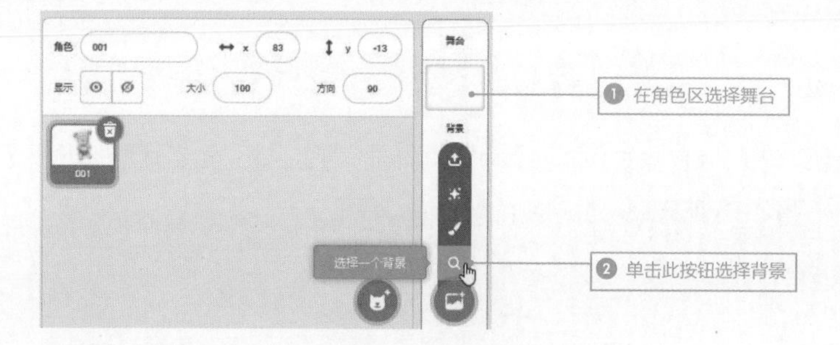

图 4-6　选择背景

图 4-7　在背景库中选择背景

图 4-8　显示新增背景

4.2.3 将舞台背景转存到计算机

确定要使用的舞台背景后，将该图片转存到计算机中，以便利用其他绘图软件来加工处理，如图 4-9、图 4-10 所示。

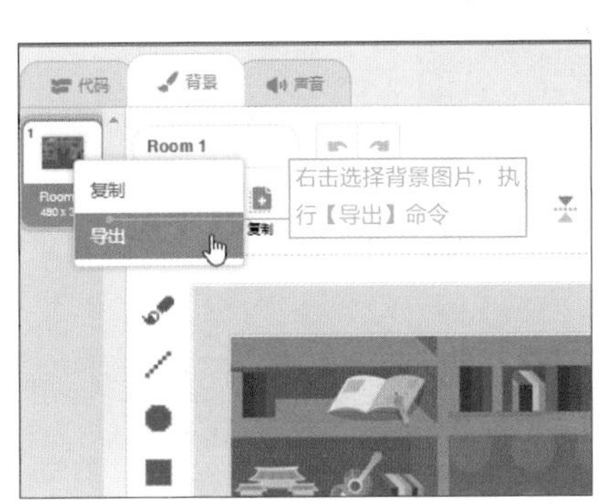

图 4-9　导出背景

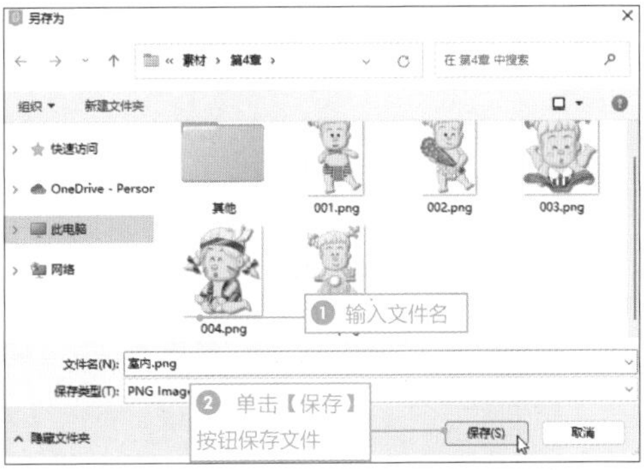

图 4-10　保存导出的背景

4.2.4 使用绘图软件加工舞台背景

背景舞台导出后，利用绘图软件来加工背景，使背景能够符合所设计的脚本。此处以 Photoshop CC 2019 做说明，讲解如何将保存的图形去背景，使之完美地与舞台背景相结合，如图 4-11~ 图 4-15 所示。

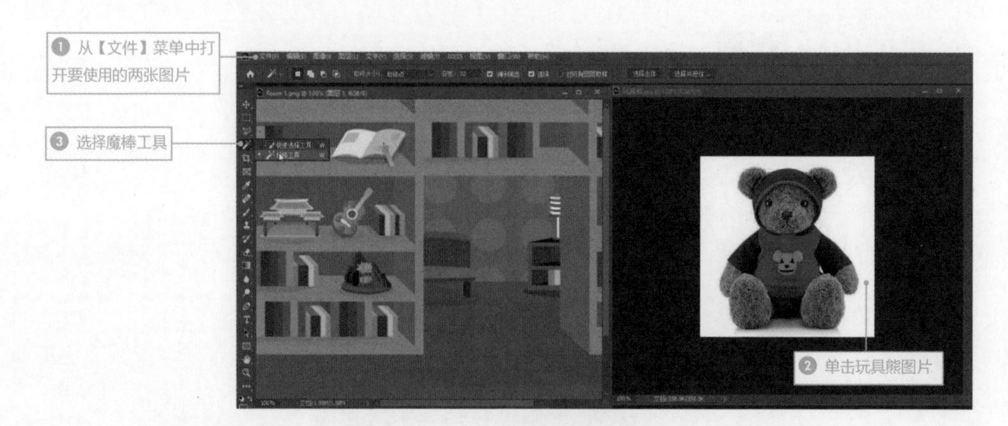

图 4-11　打开文件选择魔棒工具

图 4-12　将选区拖曳到另一张背景

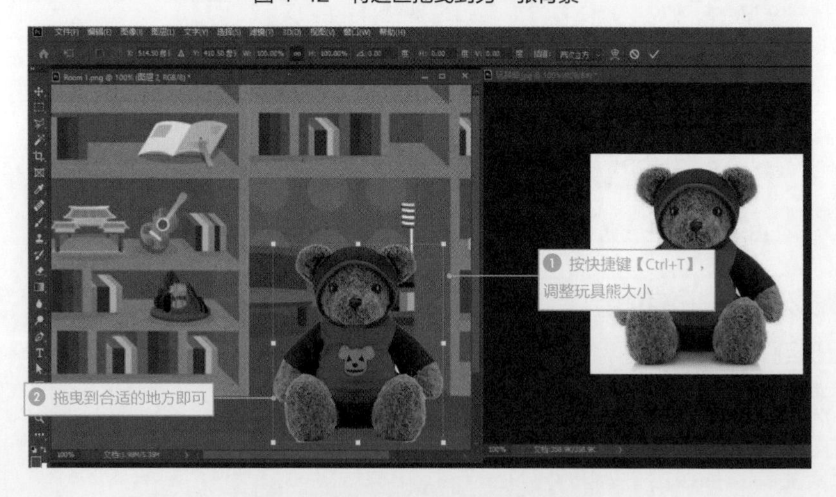

图 4-13　调整玩具熊图片大小及位置

图 4-14　完成图片的制作

图 4-15　将图片另存为 PNG 格式

· 4.2.5 插入多个舞台背景

依次完成“玩具熊屋”“书屋”“积木屋”等舞台背景的加工后，将这些图片上传到 Scratch 中。另外还有一张卧室场景的图片，我们将使用背景库中的“Bedroom2”背景图。整体步骤如图 4-16~ 图 4-20 所示。

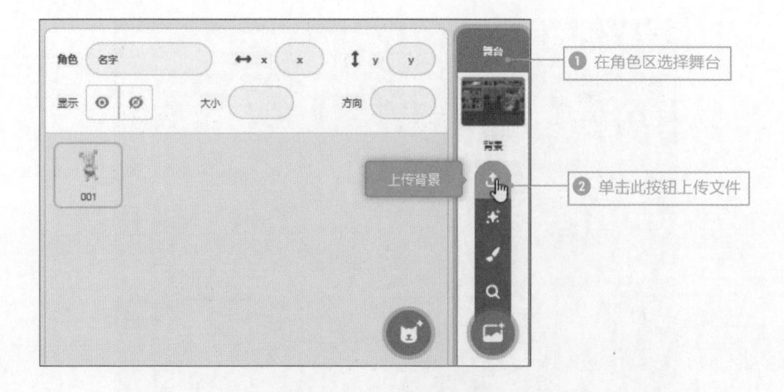

图 4-16　上传背景图片

图 4-17　选择需上传背景图片

图 4-18　添加背景图片

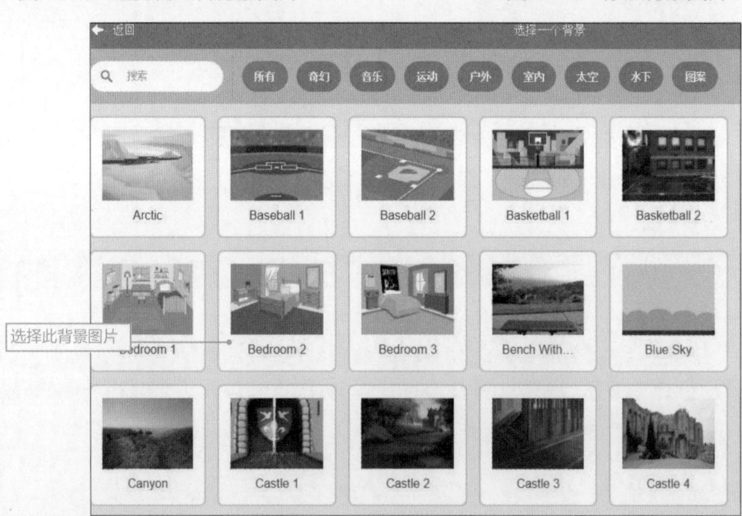

图 4-19　添加背景图片

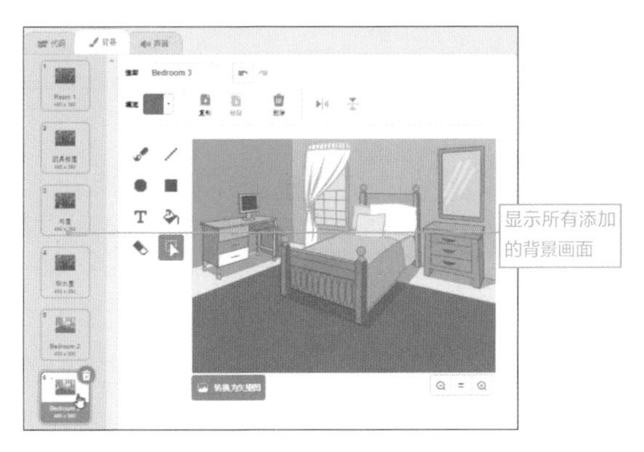

图 4-20 背景图片添加完成

4.3 用程序积木编写动画故事

当所有的舞台背景与造型都设置完成后，使用程序积木的搭建来完成此动画故事，故事内容如表 4-2 所示。

表 4-2 范例的故事画面及故事脚本说明

故事画面	故事脚本说明
 背景：room1 角色：001	事件：当绿旗被单击 外观：舞台背景换成“room1” 外观：角色造型换成“001” 运动：角色的 x 坐标设为【0】 运动：角色的 y 坐标设为【-20】 外观：宝宝想着【今天爸妈不在家】，持续 2 秒 外观：宝宝想着【Baby 我当家！】，持续 2 秒 外观：宝宝说出【对了，来个变装秀……】，持续 2 秒 运动：宝宝【1】秒内滑行到（300,-20）的坐标位置，使宝宝由左到右移出舞台
 背景：玩具熊屋 角色：002	外观：角色造型换成“002” 外观：舞台背景换成“玩具熊屋” 运动：宝宝【1】秒内滑行到（0,-20）的坐标位置，使宝宝由右到左移入舞台 外观：宝宝说出【我和玩具熊躲猫猫，它在哪？我来把它找……】，持续 4 秒 运动：宝宝【1】秒内滑行到（300,-20）的坐标位置，使宝宝由左到右移出舞台

续表

故事画面	故事脚本说明
 背景：书屋 角色：003	外观：角色造型换成“003” 外观：舞台背景换成“书屋” 运动：宝宝【1】秒内滑行到（0,-20）的坐标位置，使宝宝由右到左移入舞台 外观：宝宝说出【我是优等生，我最喜欢看书学习新知识……】，持续 4 秒 运动：宝宝【1】秒内滑行到（300,-20）的坐标位置，使宝宝由左到右移出舞台
 背景：积木屋 角色：004	外观：角色造型换成“004” 外观：舞台背景自动设为“积木屋” 运动：宝宝【1】秒内滑行到（0,-20）的坐标位置，使宝宝由右到左移入舞台 外观：宝宝说出【我是聪明宝宝，我会堆积木噢】，持续 4 秒 运动：宝宝【1】秒内滑行到（300,-20）的坐标位置，使宝宝由左到右移出舞台
 背景：Bedroom2 角色：005	外观：舞台背景自动设为“Bedroom2” 外观：角色造型换成“005” 运动：角色的 x 坐标设为【0】 运动：角色的 y 坐标设为【-20】 外观：宝宝说出【算了，我还是把玩具车归位吧……】，持续 2 秒 外观：宝宝想着【爸爸妈妈一定觉得我很厉害……】，持续 2 秒

为了方便观看动画设计的效果，按照脚本的先后顺序，依次在所属的程序类型中将程序积木拖曳到脚本区内排列。

4.3.1 启动程序事件

首先我们要利用【事件】类型来启动程序，以便当绿旗被单击时，可以播放此动画故事，如图 4-21 所示。

图 4-21　添加程序积木（1）

· 4.3.2 自动设定舞台背景与角色造型

由于此项目中规划了多个舞台背景与角色造型，为了让动画开始播放时能够呈现正确的造型与舞台背景，可使用【外观】类型来控制，如图 4-22、图 4-23 所示。

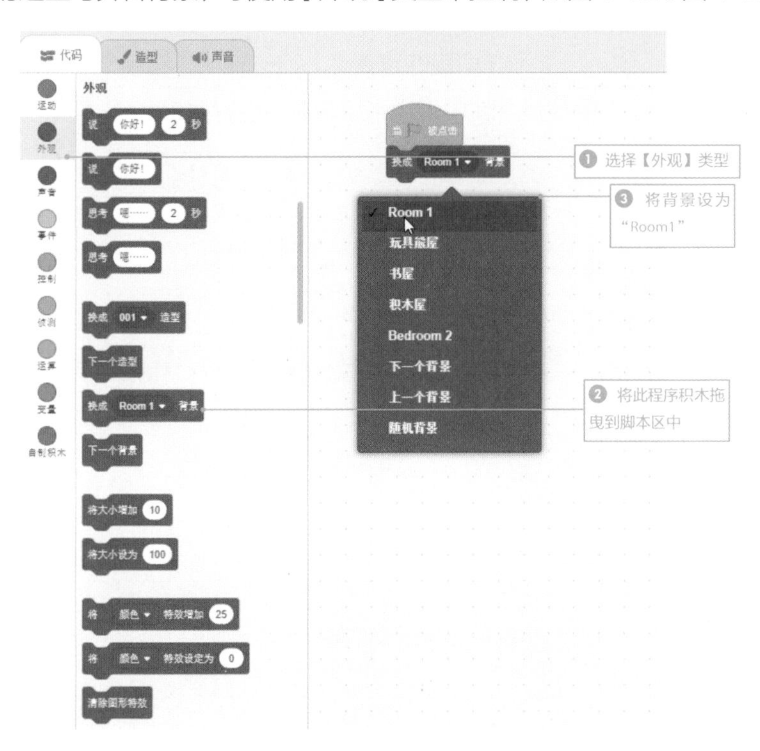

图 4-22　添加程序积木（2）

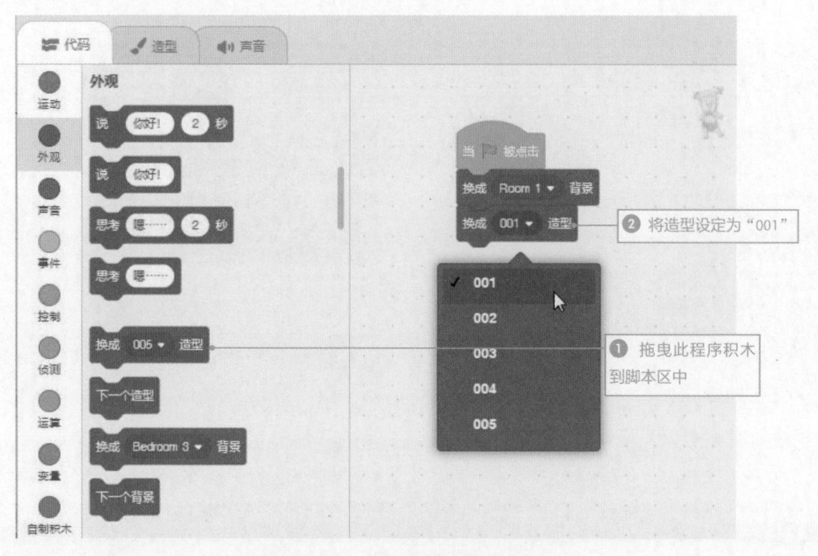

图 4-23　添加程序积木（3）

4.3.3 设定造型坐标位置

为了让角色造型可以显示在期望的位置上，可以使用【运动】类型来指定 x 坐标与 y 坐标的位置。在 Scratch 中，原点 (0,0) 的坐标是在舞台中央，往右或往上为正数，往左或往下为负数，用户可以按照画面的需求来自行设定坐标值，如图 4-24 所示。

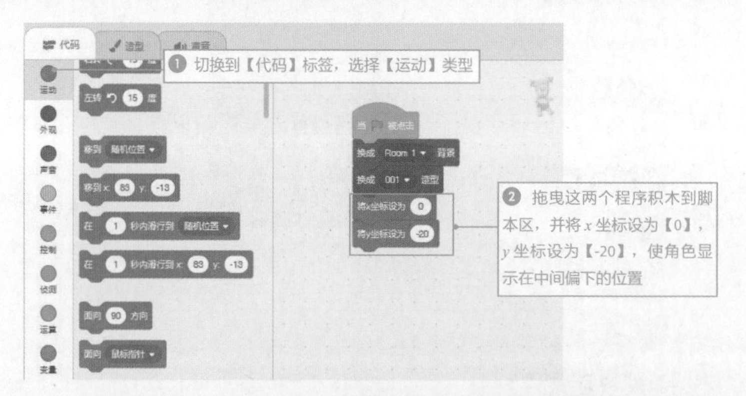

图 4-24　添加程序积木（4）

4.3.4 添加解说文字

解说文字就是在图框里添加的文字内容，用于表现角色想要说的话或心中的想法。在 Scratch 的【外观】类型里提供了这样的程序积木，只要将程序积木拖曳到脚本区中，再输入想要说的话或心中的想法，然后设定解说文字停留的时间即可，如图 4-25、图 4-26 所示。

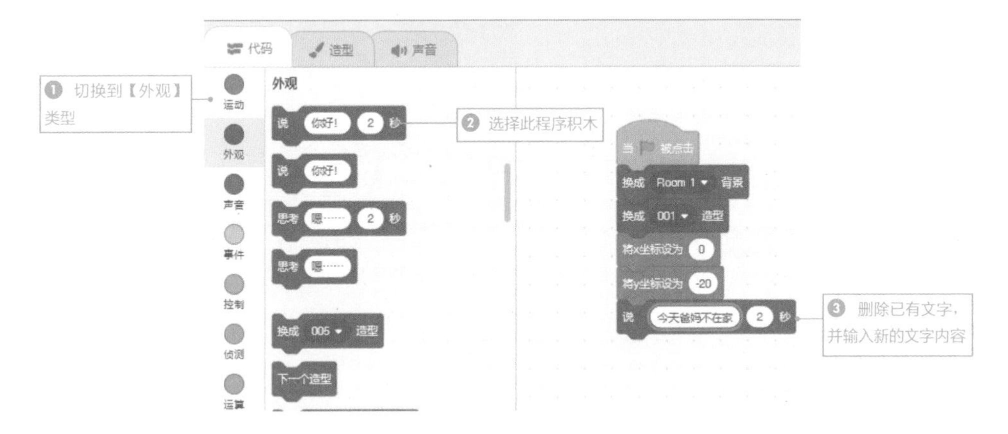

图 4-25 添加程序积木（5）

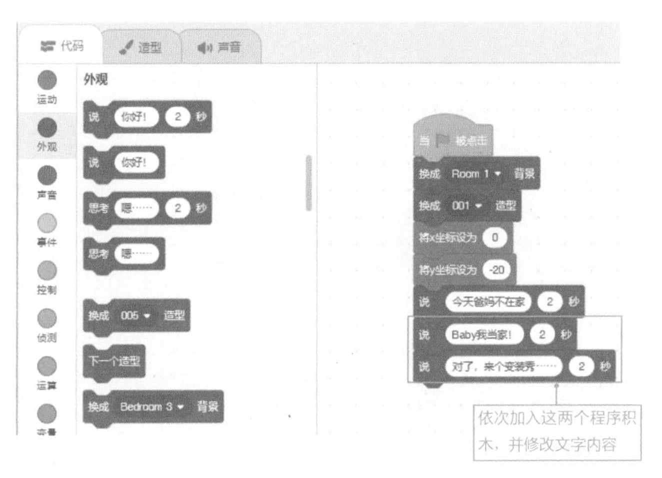

图 4-26 添加程序积木（6）

· 4.3.5 设定角色滑行位置

当宝宝准备来个变装时，要把宝宝由舞台中央移到舞台外，以便变换造型。【运动】类型中的【在 __ 秒内滑行到 *x*:__ *y*:__】功能就可以达到这个效果，如图 4-27 所示。

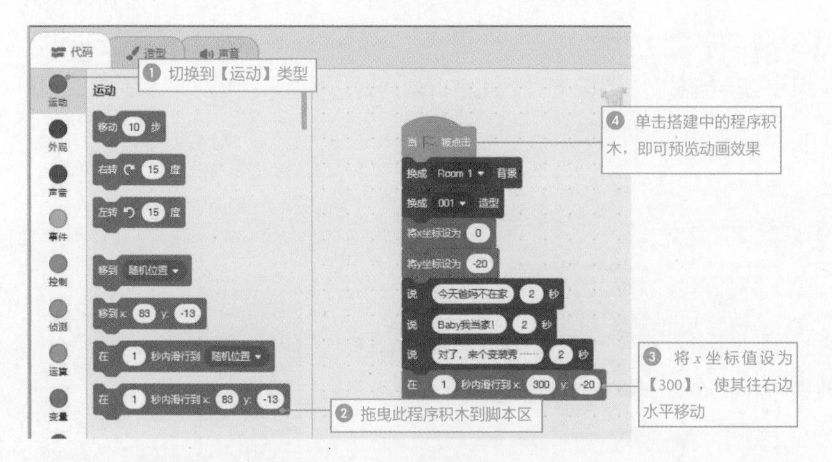

图 4-27 添加程序积木（7）

4.3.6 变换造型 / 背景 / 解说文字 / 位置

宝宝离开舞台后，准备将造型变换为“002”，背景设为“玩具熊屋”，在 1 秒内移回舞台中 (x:0,y:−20)，然后说出【我和玩具熊躲猫猫，它在哪？我来把它找……】，最后再移出舞台外。按照这个脚本设计，请依次将程序积木拖曳到脚本区中，如图 4-28 所示。

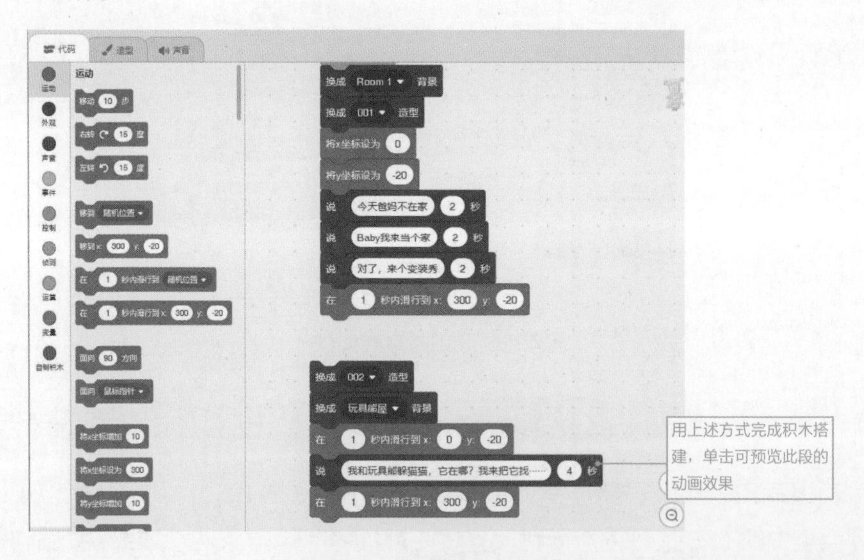

图 4-28 添加程序积木（8）

确认添加的程序积木无误后，由于“书屋”与“积木屋”的动画效果相同，因此可以使用【复制】功能来复制积木，然后根据需要更换属性内容，如图 4-29~

图 4-31 所示。

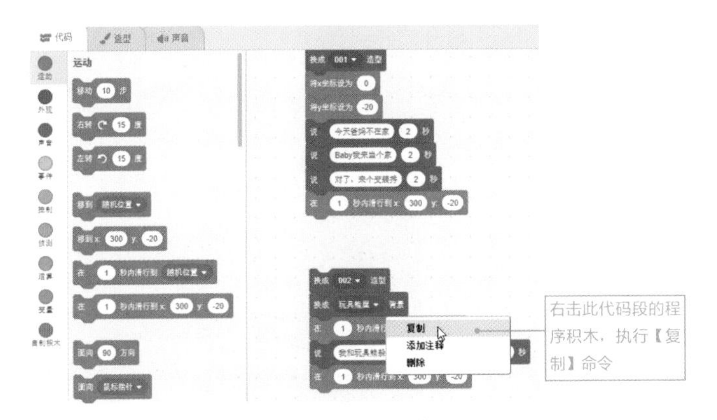

图4-29　添加程序积木（9）

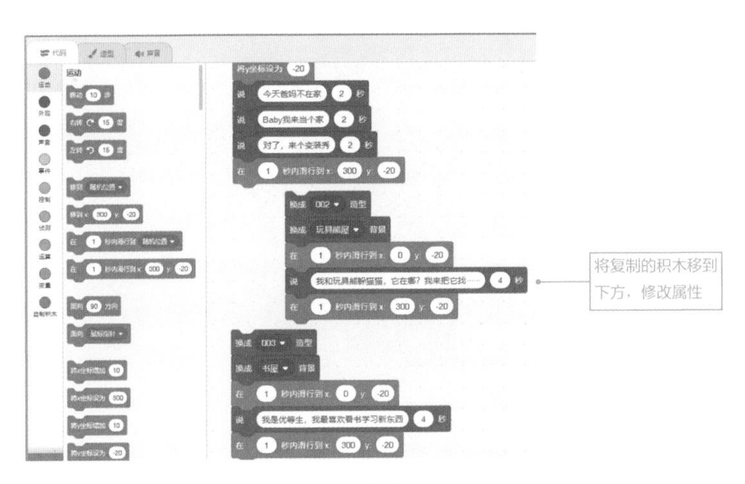

图 4-30　复制程序积木并修改属性

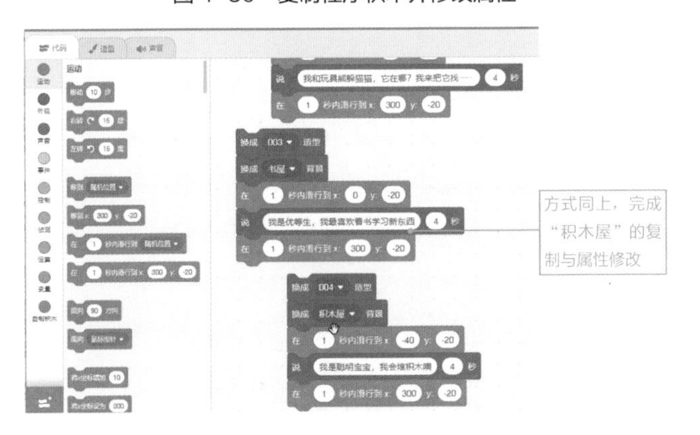

图 4-31　完成积木屋程序积木的复制并修改属性

完成积木屋的设定后，由于街景的程序积木与第一个场景类似，因此使用【复制】功能来处理，如图 4-32、图 4-33 所示。

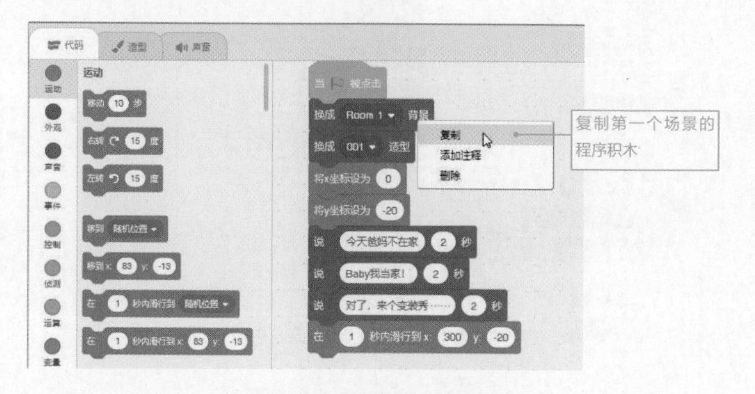

图 4-32　复制程序积木

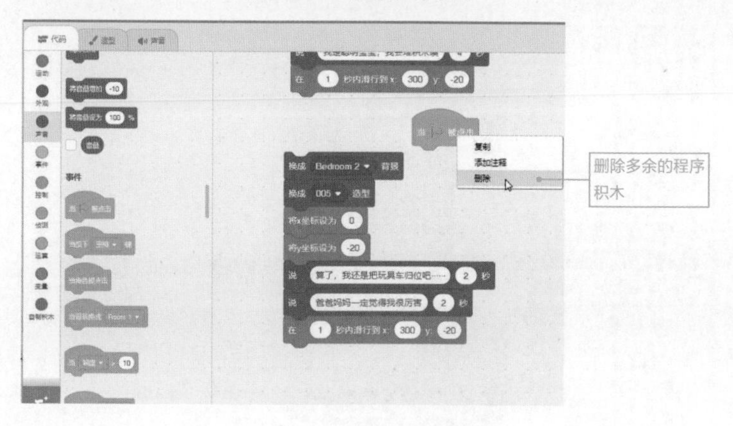

图 4-33　删除多余程序积木

将各段的程序积木串接在一起，完成积木的搭建，这样单击绿旗就可播放整个动画故事了。

第 5 章

梦幻的海底世界

章节导引	学习目标
5.1 脚本设计与说明	了解本章脚本的设计
5.2 添加舞台背景与角色	掌握添加舞台背景与角色的方法
5.3 鱼儿游到边缘就反弹回去	学习如何让鱼儿碰到边缘就反弹
5.4 鱼儿碰到水草就右转 180 度	学习如何让鱼儿碰到水草右转 180 度
5.5 以随机选数的方式设定鱼儿回转	学会用随机选数的方式设定鱼儿的回转
5.6 设定鱼儿移动角度	学会设定鱼儿的移动角度
5.7 梦幻泡泡从下往上漂动	学会设定泡泡的移动

本章设计

5.1 脚本设计与说明

这个范例主要表现海底世界的景观，让鱼儿能在舞台范围内自由自在地游来游去。

在前面的情人节贺卡的范例中介绍过【碰到边缘就反弹】程序积木。使用该积木确实可以将鱼儿永远保留在舞台范围内，不过所有的鱼儿都是水平移动，而且都是碰到舞台边界才会回转，这样看起来会比较僵硬。因此在这儿要介绍一些小技巧及两种程序积木的用法，让范例中的鱼儿更具生命气息。

5.2 添加舞台背景与角色

首先从【背景库】中选用适合的海底景观，然后将鱼儿、水草、泡泡等素材上传到舞台上排版。

5.2.1 选择背景

执行【文件 / 新建项目】命令打开空白项目，然后按照下面的步骤完成舞台背景的设定，如图 5-1~ 图 5-3 所示。

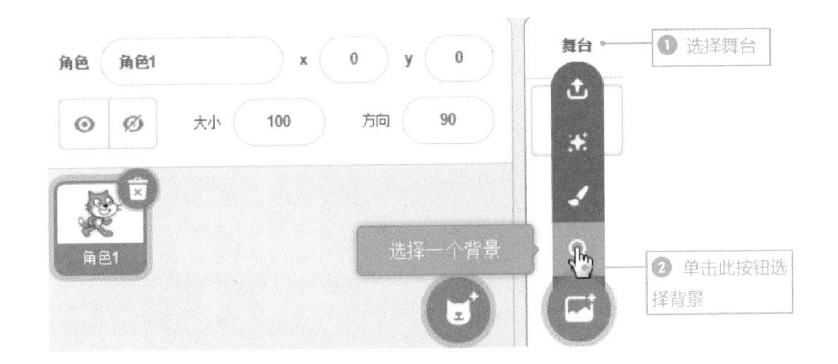

图 5-1 单击【选择一个背景】按钮

图 5-2 选择背景图

图 5-3 完成舞台背景设定

5.2.2 上传角色文件

先删除角色区的预设角色——“角色 1”，然后单击【上传角色】按钮上传所需的图案造型，如图 5-4~ 图 5-6 所示。

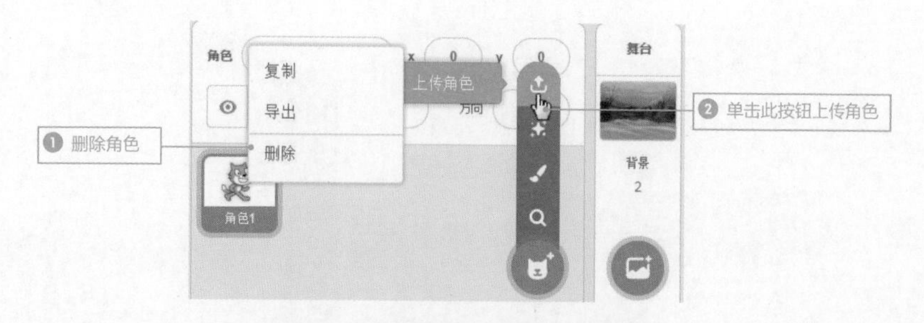

图 5-4　删除多余角色并上传新角色

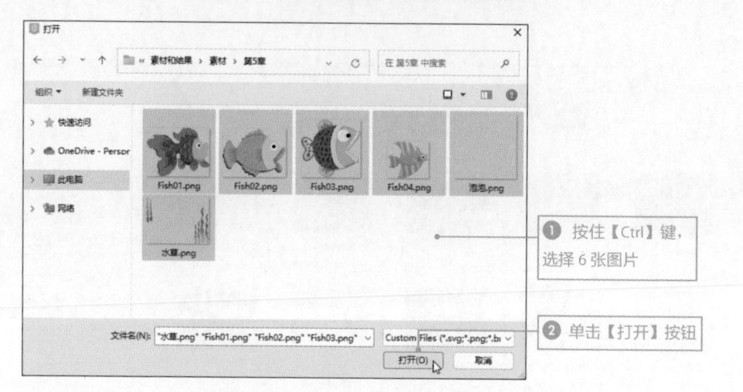

图 5-5　选择上传角色

图 5-6　舞台排版图

5.2.3 修改角色造型——制作鱼群

当角色图案上传后，如果需要修改，如改变大小、复制、变形、变动位置等，都可以直接在 Scratch 中进行操作。范例中为了让画面更丰富些，将后面的“Fish04”进行了复制，然后缩小，使其显现成鱼群效果，如图 5-7~ 图 5-9 所示。

图 5-7　复制造型

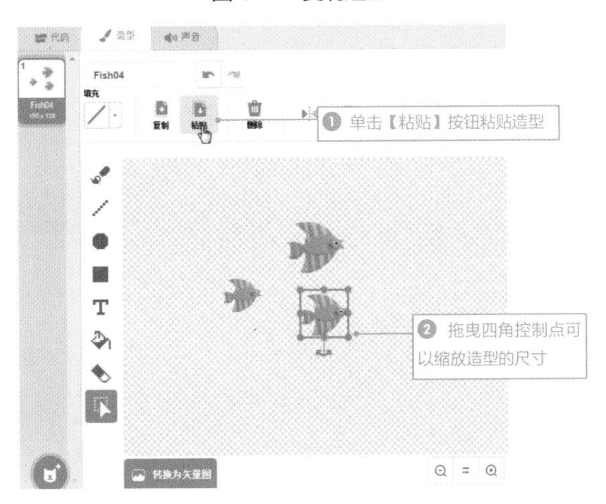

图 5-8　粘贴造型并调整尺寸

图 5-9　完成造型复制

5.3 鱼儿游到边缘就反弹回去

首先我们让最后方的鱼群左右移动，让它们碰到舞台边缘就反弹回去。当然，一定要设定当绿旗被单击后可以不停地重复该移动的动作。

5.3.1 设定鱼群移动及碰到边缘就反弹

这里要设定的是当绿旗被单击时，鱼群碰到舞台边界就立即返转回去。设定方式如图 5-10、图 5-11 所示。

图 5-10　增加程序积木

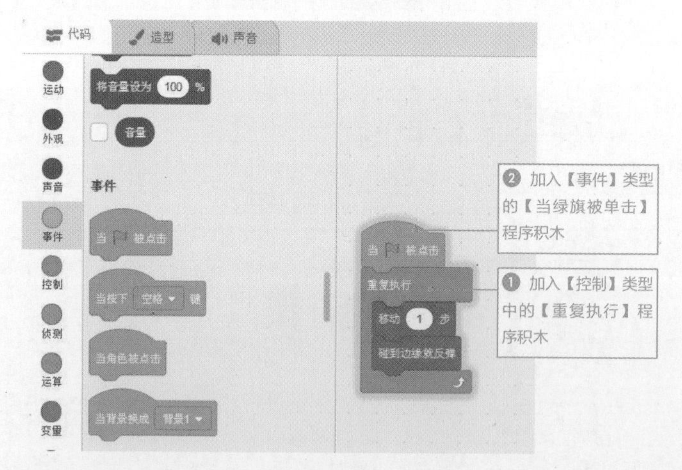

图 5-11　继续增加程序积木

设定完成后，单击绿旗观看动画效果，就可以看到鱼群遇到舞台边界时就会立即返转回去，如图 5-12 所示。

图 5-12　运行完成图

5.3.2 设定角色旋转方向

图 5-12 所示的鱼群遇到舞台边界回转时，出现了鱼群上下颠倒的现象。可以利用【运动】类型中的【将旋转方式设为左右翻转】程序积木来让鱼儿左右来回地移动，只要将此积木添加到【碰到边缘就反弹】的下方就可搞定，如图 5-13 所示。

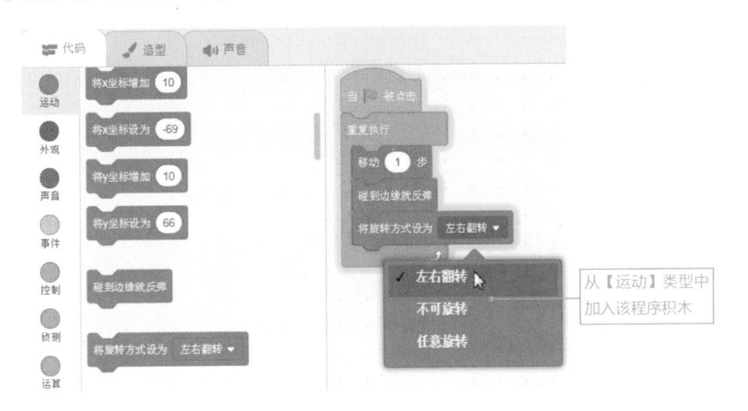

图 5-13　设置鱼儿的旋转方式

5.3.3 复制积木到其他角色

确认鱼群左右来回移动后，将搭建的程序积木复制到“Fish01”~“Fish03”角色当中，而“Fish01”的移动改设为【2】步，免得所有鱼的移动速度看起来一模一样，如图 5-14、图 5-15 所示。

图 5-14　复制程序积木到“Fish01”角色

图 5-15　复制程序积木到其他角色

当绿旗被单击时，所有鱼儿来回移动，不过鱼儿游动有点机械化，因此，接下来还要使用两种程序积木让鱼儿变得更具生命力。

5.4 鱼儿碰到水草就右转 180 度

这里我们要来设定“Fish01”角色。除了原有的左右移动及碰到边缘就反弹的效果外，还要让它遇到“水草”角色时就自动旋转 180 度。此处将用到如表 5-1 所示的程序类型与程序积木。

表 5-1 “Fish01”角色的程序类型、程序积木及其说明

程序类型	程序积木	说明
控制	如果 那么	【如果 __ 那么】执行内层的程序积木。六边形中必须嵌入侦测的内容或运算结果，而其程序积木也必须是六边形的造型

续表

程序类型	程序积木	说明
侦测	碰到 鼠标指针 ?	程序在侦测时，如果碰到特定的角色
运动	右转 ↻ 15 度	将角色向右转 __ 度

这里要设定的是当绿旗被单击时，如果“Fish01”角色碰到“水草”角色，就向右旋转 180 度，等待 1 秒后继续重复此动作。设定方式如图 5-16~ 图 5-18 所示。

图 5-16　增加控制类型程序积木

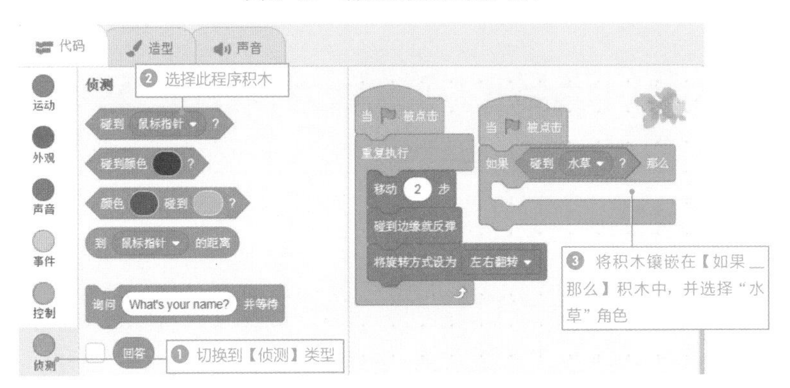

图 5-17　增加侦测类型程序积木

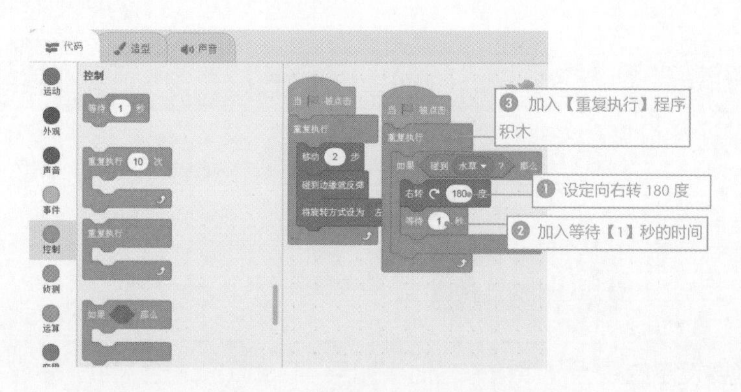

图 5-18 增加重复执行程序积木

设定完成后，将“Fish01”移到水草之间，单击绿旗即可看到鱼儿只在水草之间游动，如图 5-19 所示。

图 5-19 运行图

5.5 以随机选数的方式设定鱼儿回转

5.4 节是利用【碰到】程序积木，让鱼儿只在两边的水草间左右移动。而现在讲解的是利用随机选数的方式。此处将运用到【运算】类型的两个程序积木。

表 5-2 运算类型的程序积木及其说明

程序类型	程序积木	说明
运算	在 1 和 10 之间取随机数 ( ) = 50	这里要设定的是，如果在【1】到【10】间随机选择一个数，当随机选到的数值等于【1】时，鱼儿就向右旋转 180 度

这里要设定的是在【1】到【10】间随机选择一个数，当随机选到的数值等于【1】时，鱼儿就向右旋转180度。等待【1】秒后，重复执行此动作。以此类推，现在设定“Fish02”。整体步骤如图5-20~图5-22所示。

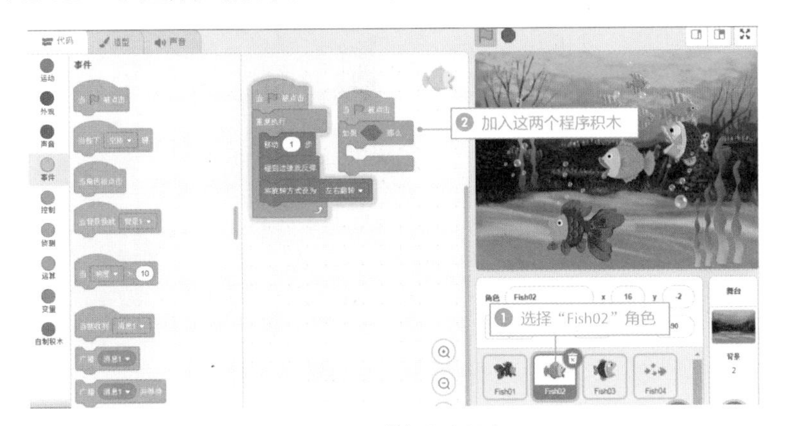

图5-20 增加程序积木

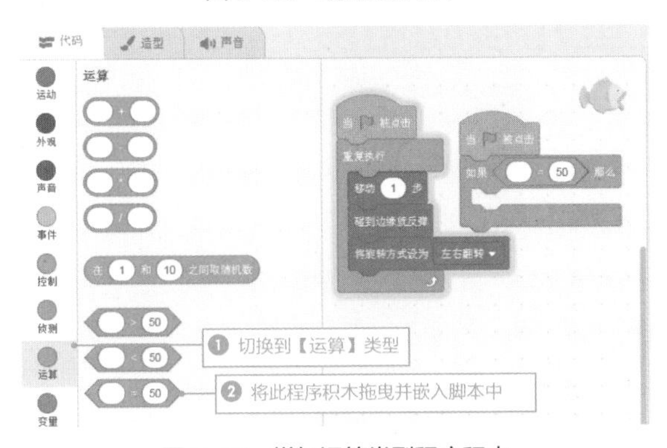

图5-21 增加运算类型程序积木

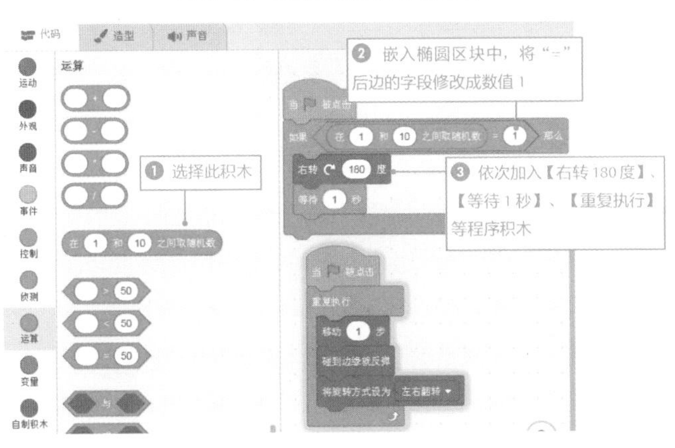

图5-22 继续增加程序积木

“Fish02”设定完成后，复制该程序积木到“Fish03”的脚本中，再修改数值即可，如图 5-23 所示。

图 5-23 修改程序积木数值并播放

5.6 设定鱼儿移动角度

目前的鱼儿都是水平方向移动，在这儿告诉读者一个小技巧，能让鱼儿在移动时有一点倾斜。设定方式如图 5-24 所示。

图 5-24 调整角色的运动方向

用同样的方式为“Fish02”和“Fish03”设定不同的移动角度，再单击绿旗查看效果。

5.7 梦幻泡泡从下往上漂动

鱼儿的设定完成后，设定泡泡的移动。由于利用【运动】类型的【移动 __ 步】程序积木无法做垂直方向的移动，因此笔者将运用【外观】类型的【下一个造型】功能来处理，使用多个造型的变化来做出泡泡上移的效果。另外再设定泡泡的程序积木，让原本为蓝色的泡泡变化出多种色彩。设定方式如下。

· 5.7.1 设定多个泡泡造型

选择“泡泡”角色并切换到【造型】标签，右击并执行【复制】命令，复制此造型。利用【选取】工具依次复制造型，并将泡泡往上移，以完成多个泡泡造型，如图 5-25~ 图 5-27 所示。

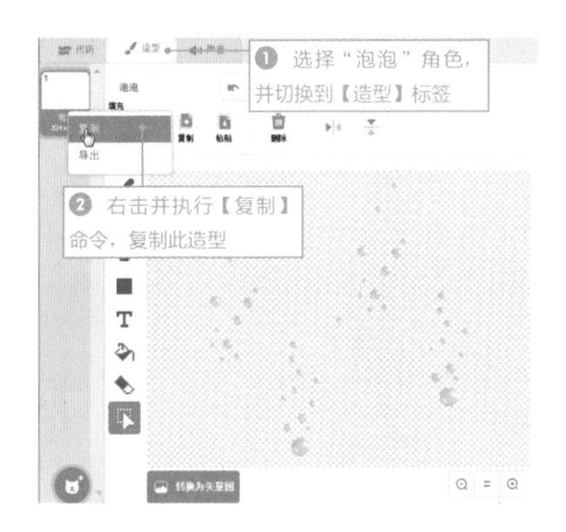

图 5-25　复制造型

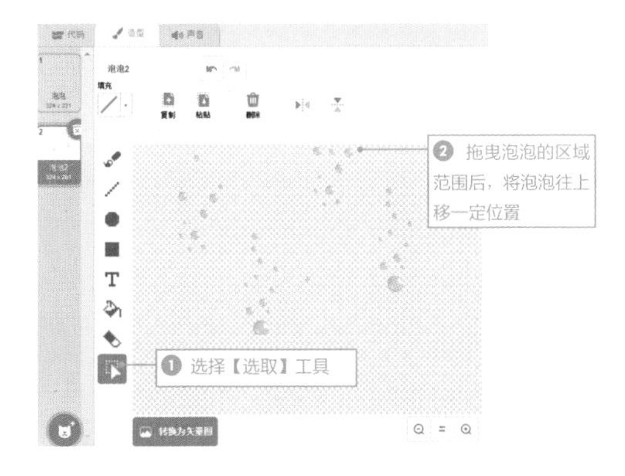

图 5-26　使用【选取】工具

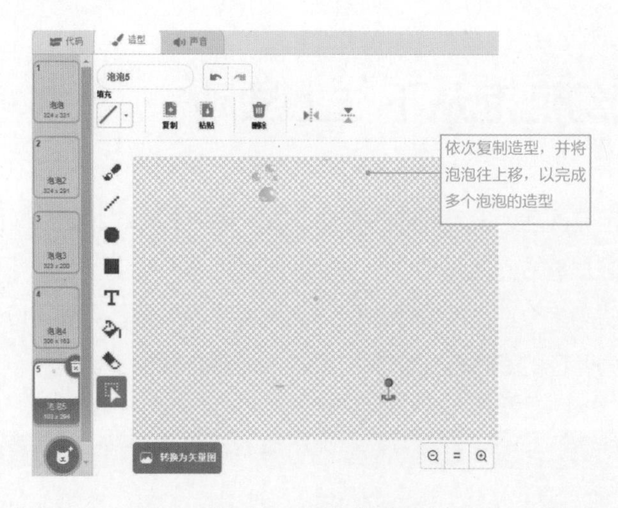

图 5-27　复制泡泡造型

5.7.2 设定泡泡的程序积木

完成泡泡的多个造型后，将程序积木搭建成如下的排列方式，运行程序后就可以看到梦幻泡泡的效果了，如图 5-28 所示。

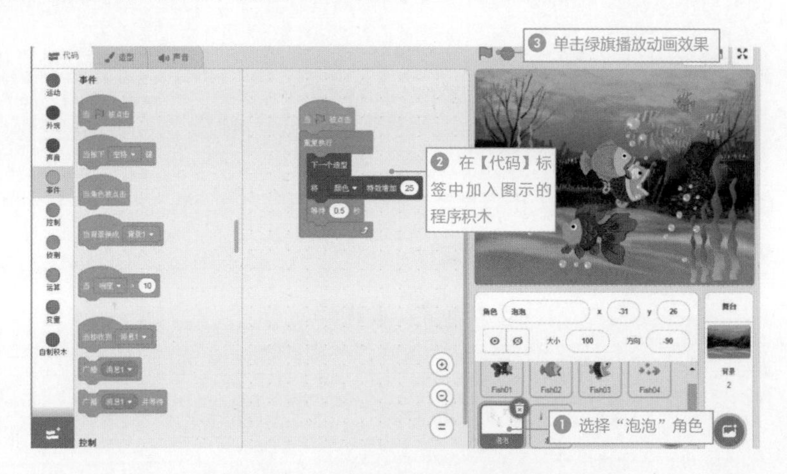

图 5-28　给“泡泡”角色添加程序积木

第6章

幼儿字卡练习器

章节导引	学习目标
6.1 脚本设计与说明	了解本章脚本的设计
6.2 上传背景图片与按钮角色	学习背景图片和按钮角色的上传方法
6.3 事件的广播与执行	学会使用【事件】类型
6.4 用特效制作换页效果	学习制作换页效果

本章设计

6.1 脚本设计与说明

Scratch 程序除了可以设计连续性的动画效果外，还可以使用按钮控制画面前往指定的位置。“幼儿字卡学习”范例就是使用【下一页】和【回首页】两个按钮来控制舞台背景的显现。另外，想做出简单的换页效果，Scratch 也可以做到。本章将介绍如何利用【将 __ 特效增加 __】程序积木来达到此目的。

6.2 上传背景图片与按钮角色

首先将所需要的字卡图片与按钮图形上传到 Scratch 角色区。

在舞台背景加入字卡画面，如图 6-1~ 图 6-3 所示。

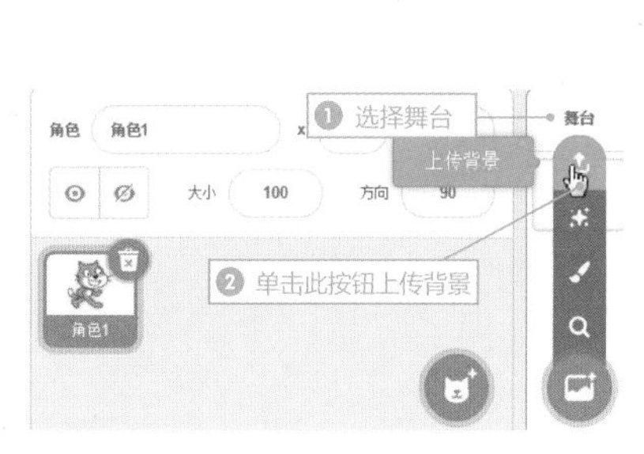

图 6-1 单击【上传背景】按钮

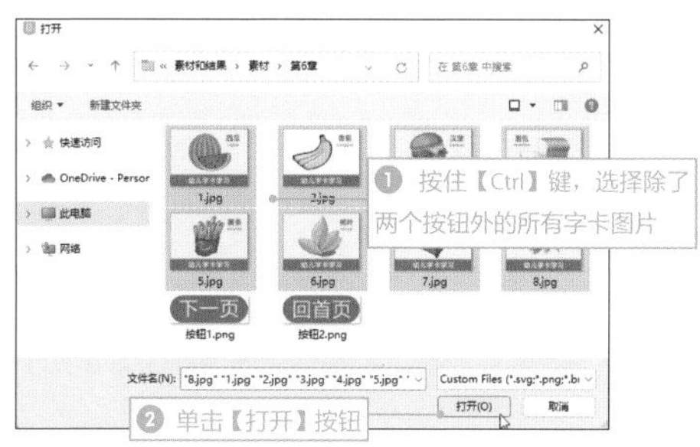

图 6-2 选择需上传的背景图片

图 6-3 插入新背景并删除空白背景

将按钮插入角色区

确定舞台背景的先后顺序后，将所需的【下一页】按钮与【回首页】按钮上传到角色区里，并将多余的“角色 1”角色删除，如图 6-4~ 图 6-6 所示。

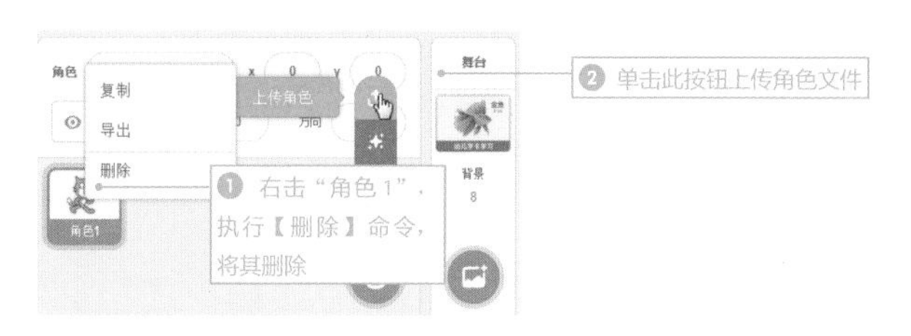

图 6-4 删除角色 1 并上传新角色

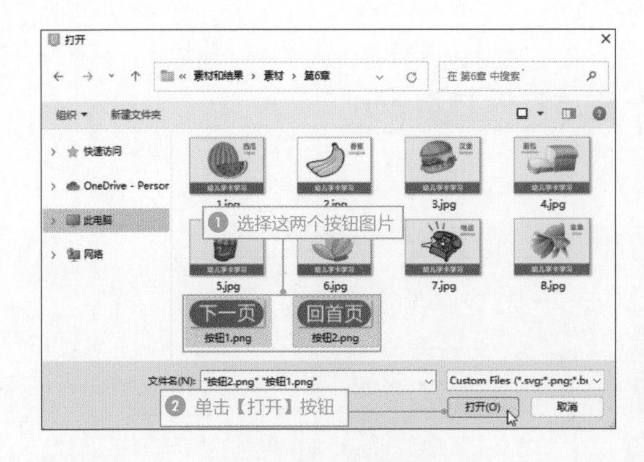

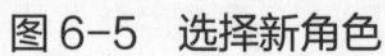
图 6-5　选择新角色

图 6-6　排版角色

6.3 事件的广播与执行

排版完成后，利用程序积木来连接画面。这里将会用到【事件】类型中的几个程序积木，如表 6-1 所示。

表 6-1　幼儿字卡练习器范例需要的程序积木及说明

程序积木	说明
当角色被点击	当角色被单击后，按照顺序执行下方的每个程序积木。此范例中将运用在【回首页】按钮及【下一页】按钮上
广播 消息1 ▾	此积木的作用是将消息传送给所有的角色及舞台，让角色或舞台接收到消息后开始执行程序中的程序积木
当接收到 消息1 ▾	当接收到广播消息，就开始执行下方的每一个程序积木

· 6.3.1 按钮设定

首先来为【回首页】及【下一页】两个按钮做设定，让这两个按钮被单击时可以执行广播的动作。

回首页

下面为【回首页】按钮进行程序积木的搭建，设定方法如图 6-7~ 图 6-10 所示。

图 6-7　拖曳程序积木

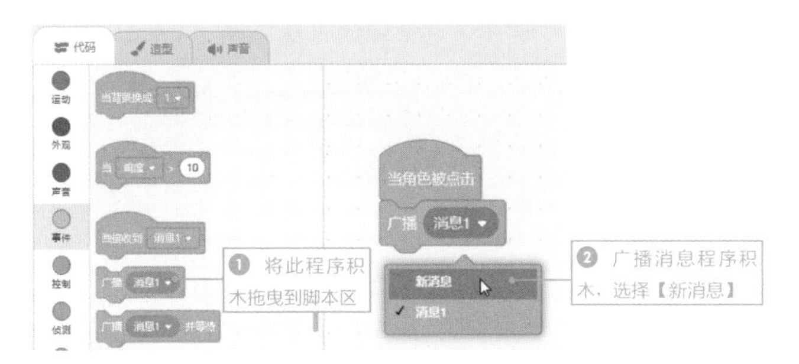

图 6-8　广播新消息

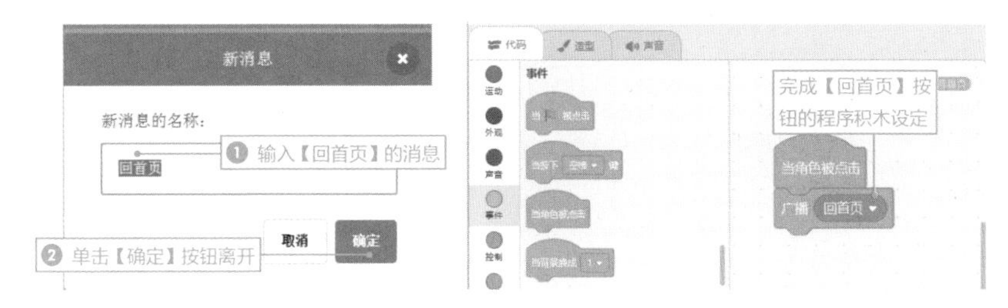

图 6-9　输入新消息名　　　　图 6-10　广播回首页

下一页

接下来以同样的方式为【下一页】按钮进行程序积木的搭建，如图 6-11 所示。

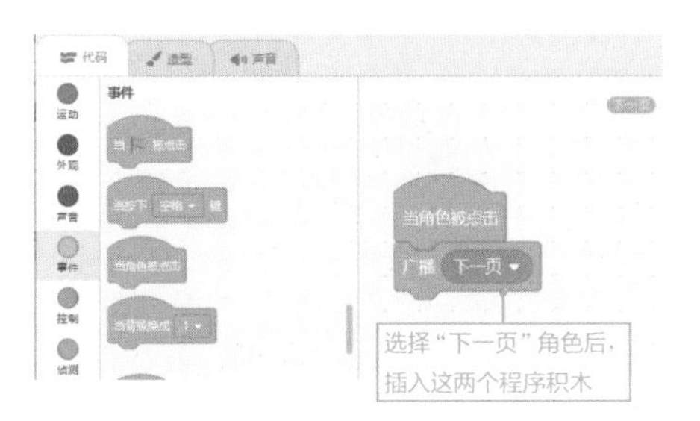

图 6-11　插入【下一页】按钮程序积木

6.3.2 字卡设定

字卡部分已经按照顺序排列在舞台上，当绿旗被单击时，背景自动切换到字卡【1】的画面；当接收到【下一页】的消息时，就自动跳到下一个背景画面。若接收到【回首页】的消息，则背景舞台将返回字卡【1】的画面。以此类推，现在开始来搭建背景部分的程序积木，如图 6-12~ 图 6-14 所示。

图 6-12 添加背景的程序积木

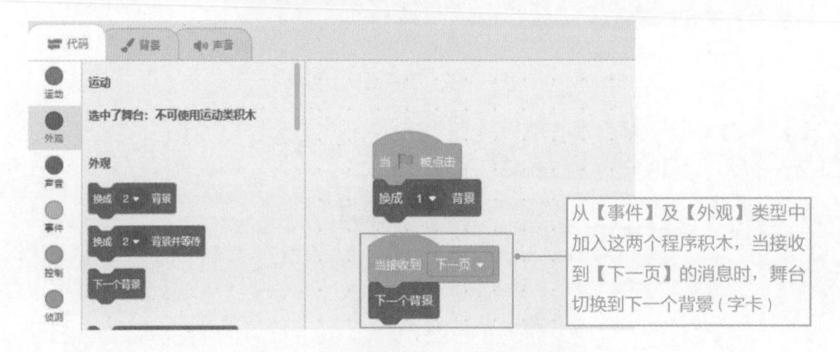

图 6-13 收到下一页的消息操作

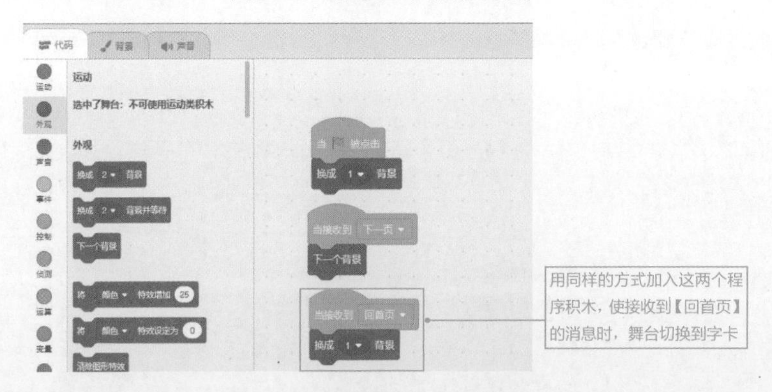

图 6-14 收到回首页的消息操作

完成如上的积木搭建后，单击绿旗观看结果，只要单击舞台上的【下一页】按钮或【回首页】按钮，就可以自由地切换字卡了。

6.4 用特效制作换页效果

想要让字卡切换时能显示出如同海报一样的换页效果，可以使用【外观】类型中的【将 __ 特效增加 __】功能实现。此程序积木在第 5 章时介绍过它的【颜色】特效，【颜色】特效可以让海底的泡泡做出色彩的变化。而这里要向读者介绍其他几种特效，如表 6-2 所示。

表 6-2 【外观】类型中的特效名称及说明

名称	说明
颜色	做出颜色的改变
鱼眼	做出鱼眼由水中看水面的效果，画面中间会向外凸出，以营造出夸张变形的透视感
漩涡	做出向右旋转、有如漩涡般的效果
像素化	做出颗粒变粗大的效果
马赛克	做出四方连续的拼贴图案
亮度	做出画面越来越亮，直到变白的效果
虚像	做出画面渐渐淡化出去的效果

特效中的【像素化】【马赛克】【亮度】【虚像】等效果都还不错，读者可以自行尝试。这儿以【虚像】与【马赛克】效果为例进行说明，如图 6-15~ 图 6-17 所示。需要注意的是，由于加入特效后画面会变形，因此必须再以相反方式调整回来。

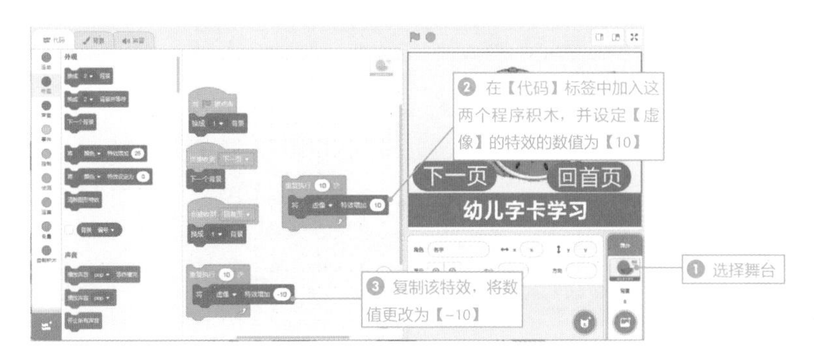

图 6-15 使用【虚像】特效

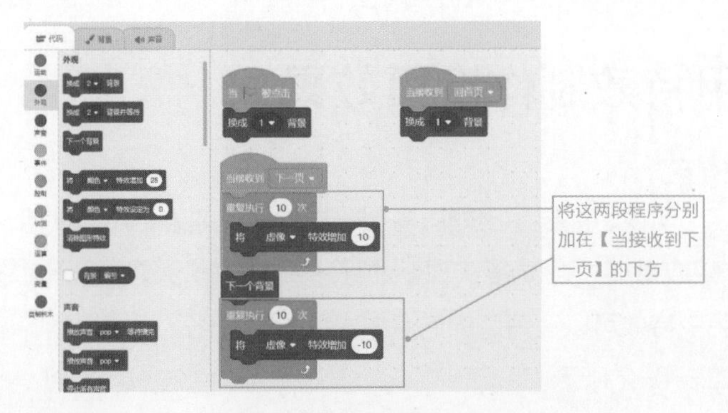

图 6-16　在【下一页】中使用【虚像】特效

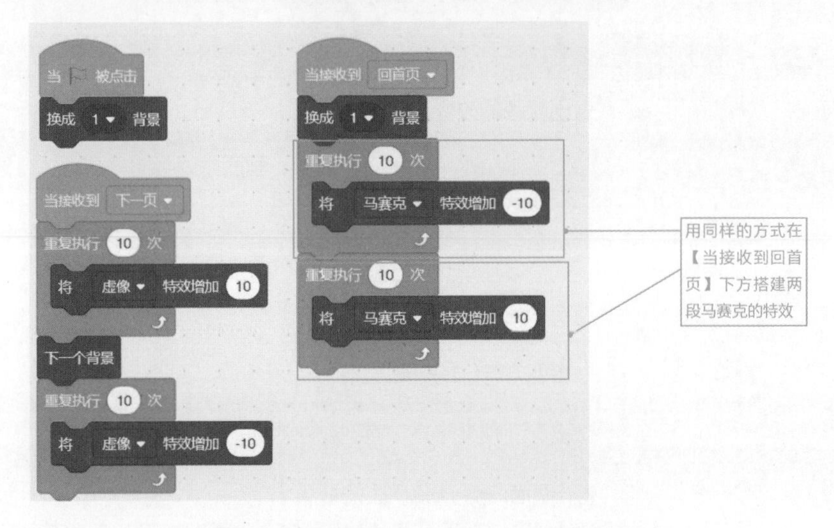

图 6-17　在【回首页】中使用【马赛克】特效

换页效果设定完成，单击绿旗看看画面效果，如图 6-18 所示。

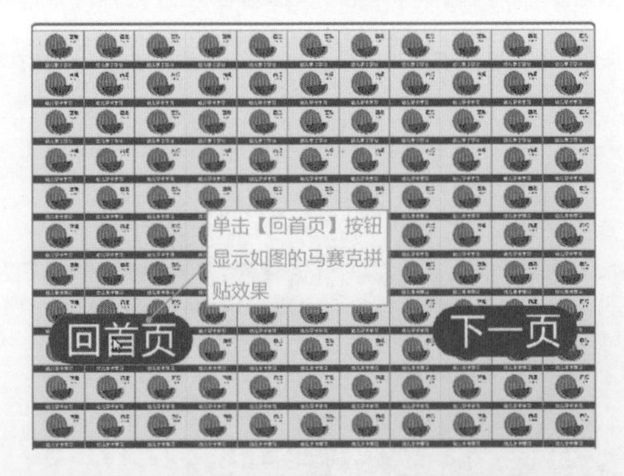

图 6-18　在【回首页】中使用【马赛克】特效的效果

单击【下一页】按钮字卡渐渐淡出的效果大家可以自行尝试。

第 7 章

百变发型设计懒人包

章节导引	学习目标
7.1 脚本设计与说明	了解本章脚本的设计
7.2 上传背景与角色	了解如何上传背景与角色
7.3 发型角色的设定	掌握发型及角色的设定方法
7.4 脸型的变更与提示	掌握脸型的变更与提示方法

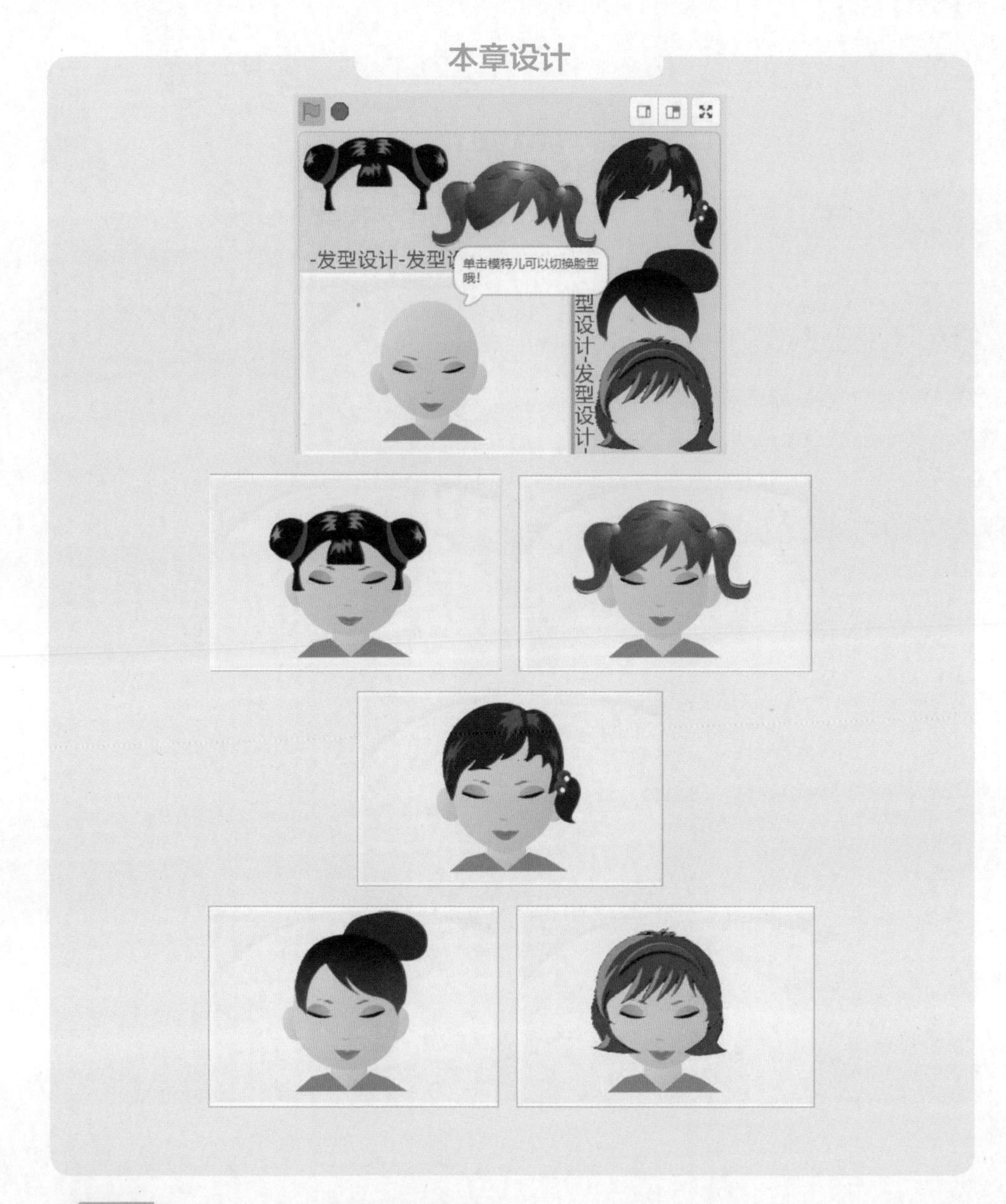

7.1 脚本设计与说明

这个范例以发型设计为主题，查看不同脸型与不同发型结合的效果。本范例的构思是，浏览者只要单击左下方的模特儿，即可切换脸型，而选择上方或右侧的发型，该发型就会立即套到模特儿头上。

7.2 上传背景与角色

首先将所需的舞台背景、模特儿及发型上传到 Scratch 角色区。

7.2.1 上传背景

下面就是上传背景的方法展示，如图 7-1~ 图 7-3 所示。

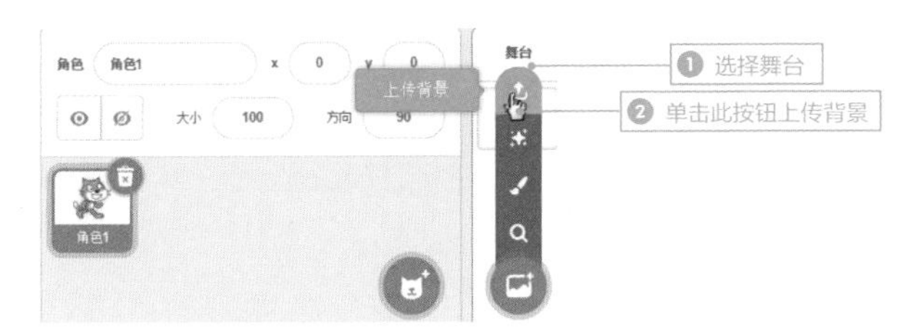

图 7-1 单击【上传背景】按钮

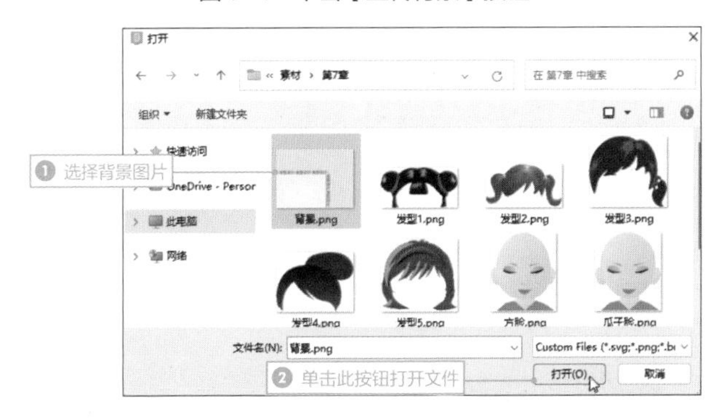

图 7-2 选择背景图片

图 7-3 删除空白背景

· 7.2.2 上传模特儿及发型

接下来就需要上传模特儿和设定模特儿的发型了，设定方法如图 7-4~ 图 7-6 所示。

图 7-4　删除多余角色并上传新角色

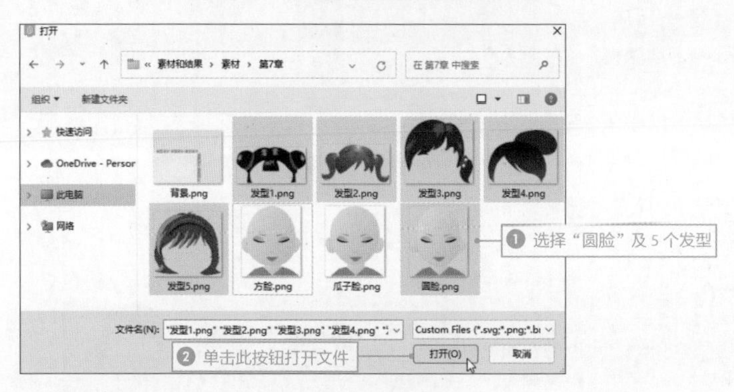

图 7-5　上传角色文件

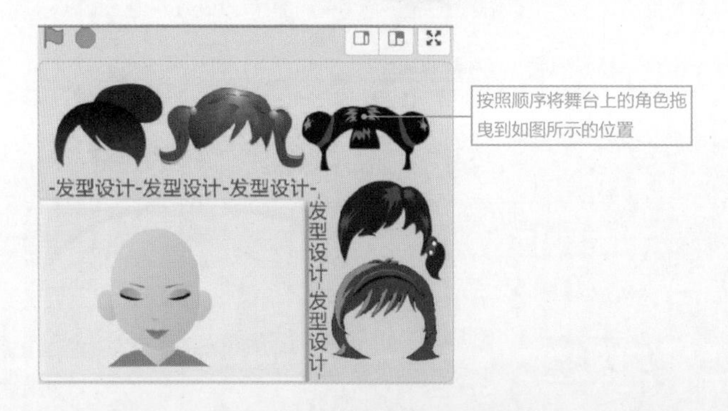

图 7-6　排列脸和发型位置

· 7.2.3 上传模特儿脸型

接下来设定模特儿的脸型。我们将设定【造型】标签，使用【下一个造型】的程序积木来控制角色脸型，如图 7-7~ 图 7-9 所示。

图 7-7　单击【上传造型】按钮

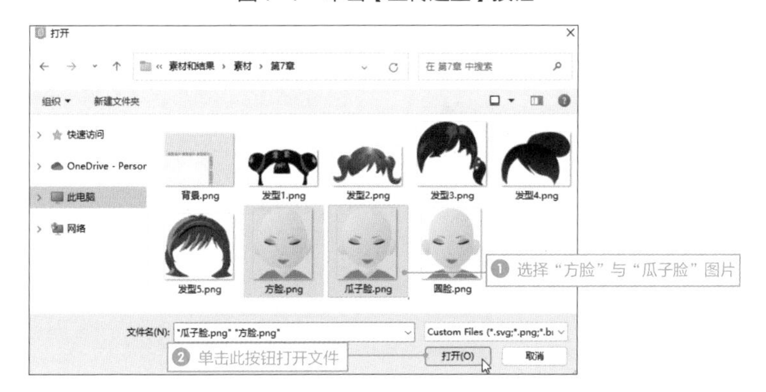

图 7-8　选择造型文件

图 7-9　插入所有造型文件

7.3 发型角色的设定

当排版完成后，开始进行程序积木的搭建。

在发型部分，笔者希望在单击绿旗时，5 个发型都可以回到原先编排的位置上，以便浏览者观看。当任一发型角色被选择时，能够自动将该发型移到模特儿的头上；当其他的发型被选择时，模特儿头上的发型自动回到原先的位置，以方便新发型的呈现。

综上所述，将用到以下几个新的程序积木，如表 7-1 所示。

表 7-1 “发型”角色需要的程序类型、程序积木及说明

程序类型	程序积木	说明
运动	移到 x: -92 y: -86	将角色定位到指定的坐标位置
运动	在 1 秒内滑行到 x: -92 y: -86	将角色以滑行方式，在指定秒数内移到指定的坐标位置
控制	等待	等待条件的成立。当条件成立时，就执行下一行的指令动作，字段中必须嵌入六边形形状的程序积木
侦测	按下鼠标?	侦测鼠标是否被单击，如果单击就传回【真】值给程序

7.3.1 当单击绿旗时发型移到指定位置

首先来设定，当绿旗被单击时，发型角色都移到所设定的位置。读者可能会有疑虑，如何知道每个发型的精确坐标？事实上可以在角色区得知，如图 7-10 所示。

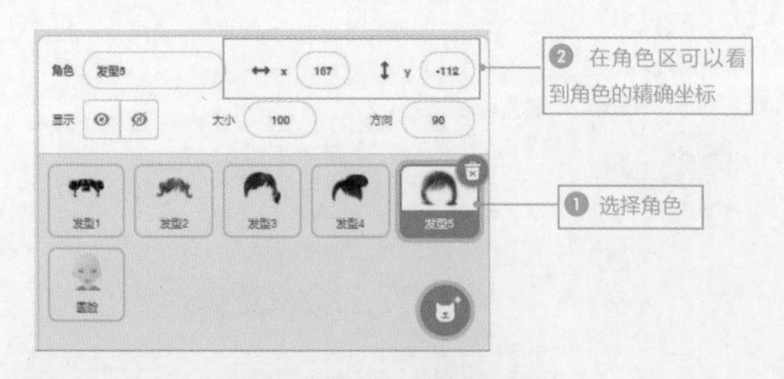

图 7-10 查看角色坐标

将角色放到舞台上时，角色区就会自动显示它的相应信息。此时若将与坐标有关的程序积木拖曳到脚本区，不需要特别设定即可显示它的坐标。以“发型1”为例，设定绿旗被单击时，【发型1】自动定位到目前设定的位置上，如图7-11所示。

图7-11　为角色“发型1”添加程序积木

用同样的方式，依次完成其他4个发型的设定，如图7-12所示。

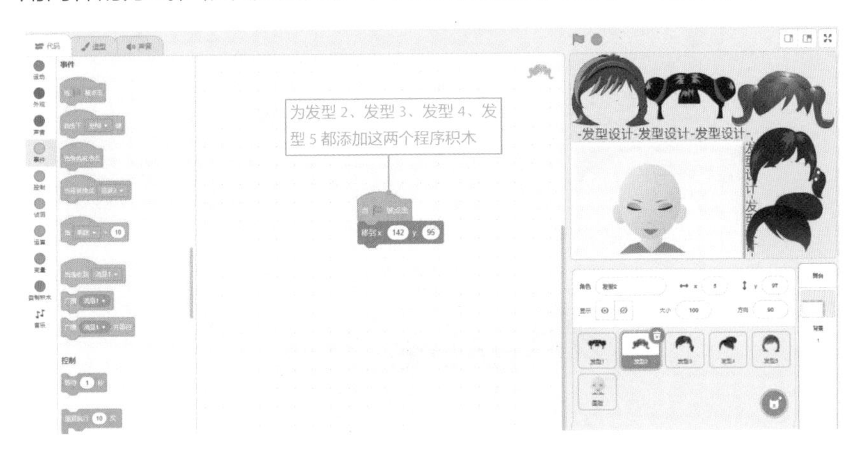

图7-12　为其他发型角色添加程序积木

7.3.2 当单击发型时滑行到模特儿头上

接下来要设定的是当发型角色被选择时，让发型在一秒内滑行到模特儿头上。设定方式如图7-13~图7-15所示。

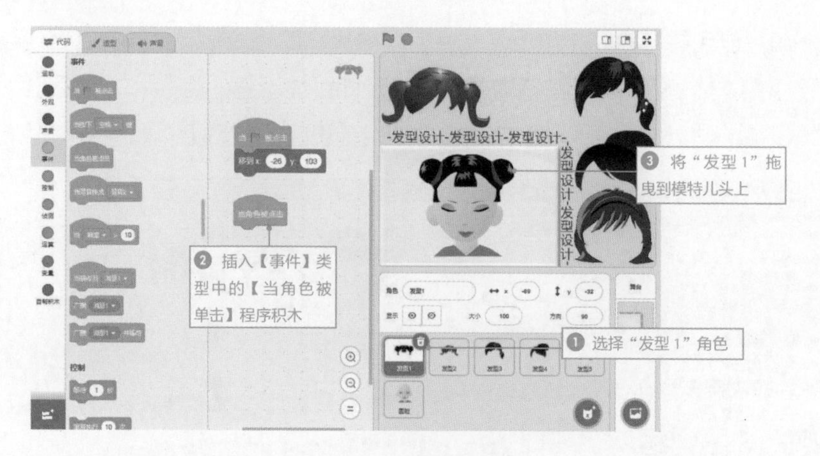

图 7-13　添加程序积木

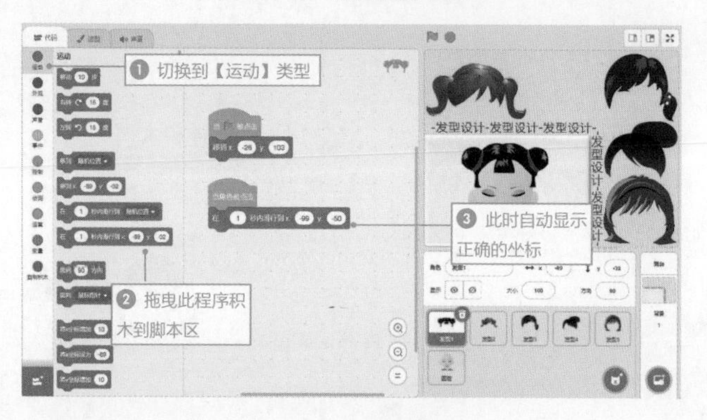

图 7-14　拖曳程序积木

图 7-15　播放查看效果

7.3.3 鼠标单击时头上原有的发型移回到原来位置

读者可以想象，当“发型 1”到“发型 5”被选择时，如果模特儿头上的发型不被预先移走，很难观看新发型使用后的效果。因此必须想办法在鼠标单击选择时，让头顶上原有的发型回归原来的位置。我们延续上面的画面继续设定，如图 7-16~图 7-18 所示。

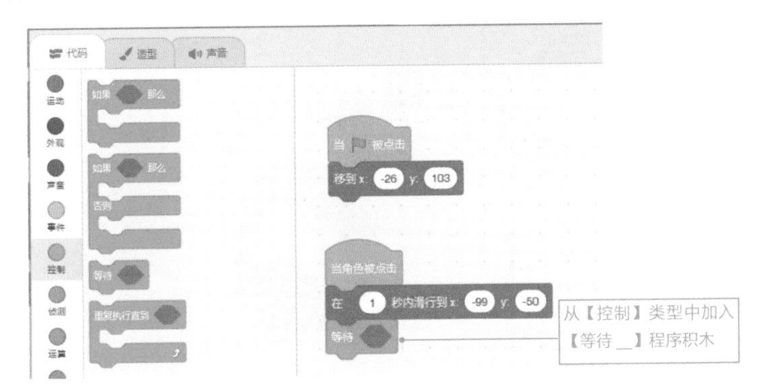

图 7-16　插入控制类型积木

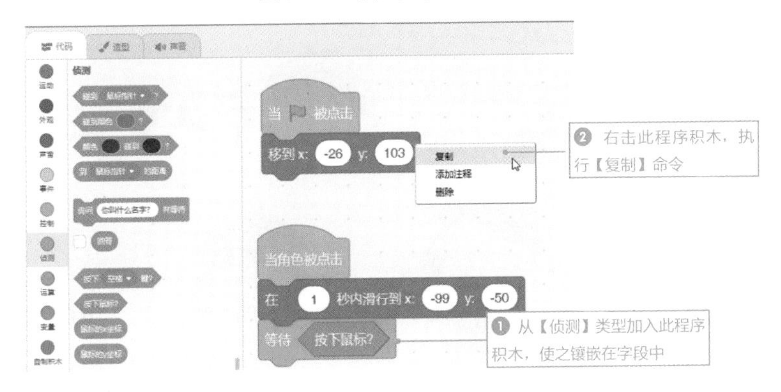

图 7-17　插入侦测类型积木

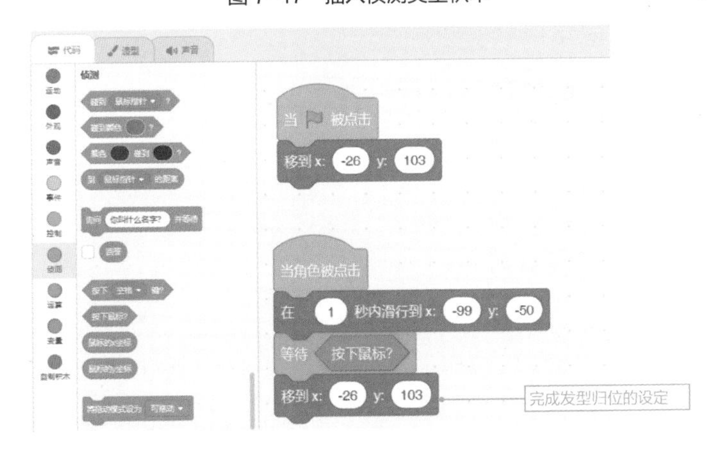

图 7-18　发型回归原位

接下来用同样的方式按照顺序完成其他 4 个发型的设定与归位，就可以看到发型变换的效果，如图 7-19~ 图 7-21 所示。

图 7-19　选择“发型 1”

图 7-20　再选择其他发型

图 7-21　原发型归位

7.4 脸型的变更与提示

在这个范例中，我们还设计了脸型的更换，以方便观看“圆脸”“方脸”或“瓜子脸”结合不同发型的效果。

7.4.1 模特儿提示语的设定

为了让他人知道脸型可以切换，在单击绿旗时，除了要指定模特儿的正确位置外，还要使用先前学过的技巧来添加解说文字。设定方式如图 7-22、图 7-23 所示。

图 7-22　给“圆脸”角色添加程序积木

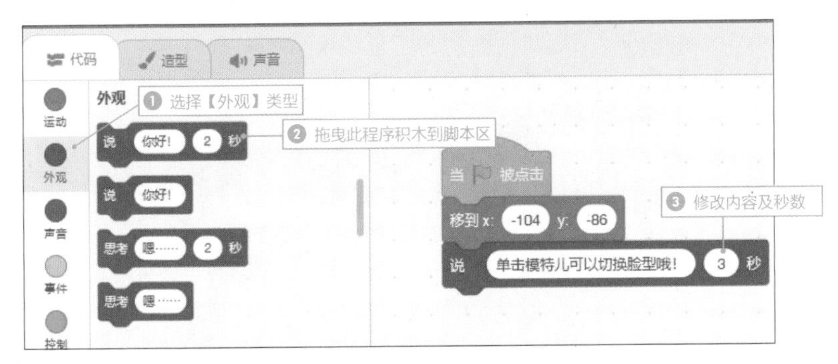

图 7-23　给模特儿添加解说程序积木

7.4.2 设定脸型的切换

若想实现单击模特儿的角色切换到其他脸型，必须再加入图 7-24 所示的两个程序积木，从而完成本范例的制作，如图 7-25、图 7-26 所示。

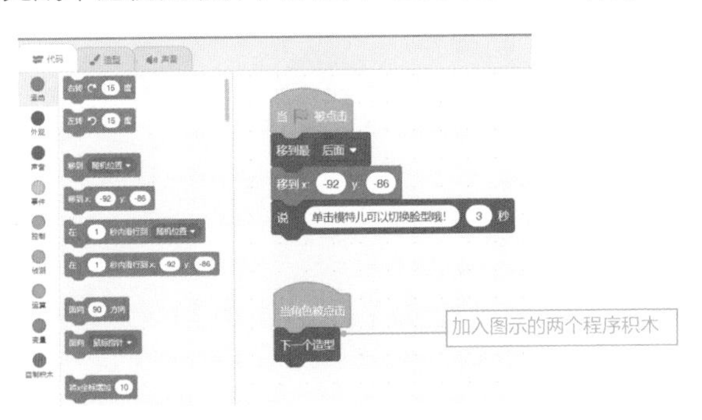

图 7-24　添加换脸型的程序积木

图 7-25　单击绿旗播放动画

图 7-26　变换模特脸型

第  章

风景照片万花筒

章节导引	学习目标
8.1 脚本规划与说明	了解本章的脚本与规划
8.2 添加背景色和角色	掌握背景色和角色的添加方法
8.3 用空格键切换背景	熟练背景切换
8.4 设定缩略图的起始位置	学会设置缩略图起始位置
8.5 设定大图位置与旋转角度	学会设置图片位置与旋转
8.6 设定文字层上移与缩放效果	学会设置文字上移与缩放
8.7 添加解说文字	掌握添加解说文字的方法
8.8 缩略图和原图同时显示	掌握给缩略图角色添加程序积木的方法

本章设计

8.1 脚本规划与说明

这个范例以照片浏览为主题，下方陈列所有的照片缩略图，单击照片缩略图就会在窗口中间显示倾斜的大图。按空格键还可以切换不同色彩的背景底图，而白色的标题字会不断地进行缩放，让画面具有动感。

8.2 添加背景色和角色

首先将所需的背景色、照片缩略图、标题文字等添加到 Scratch 角色区。

添加背景色

接下来我们为舞台背景填充颜色，设定方法如图 8-1~ 图 8-4 所示。

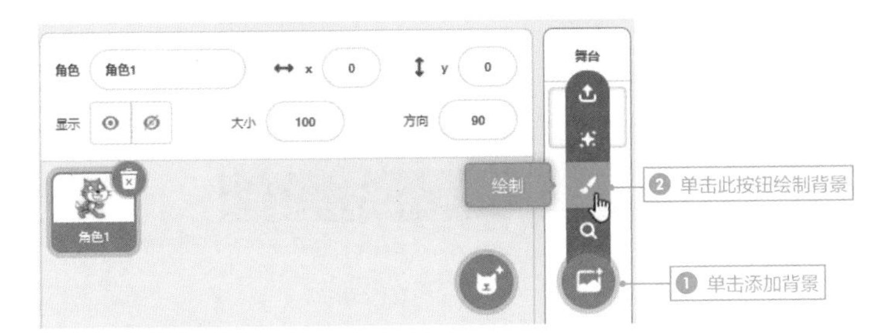

图 8-1 绘制背景

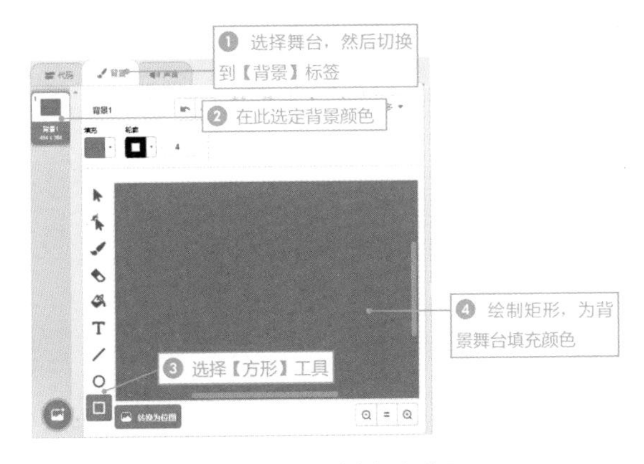

图 8-2 绘制纯色舞台背景

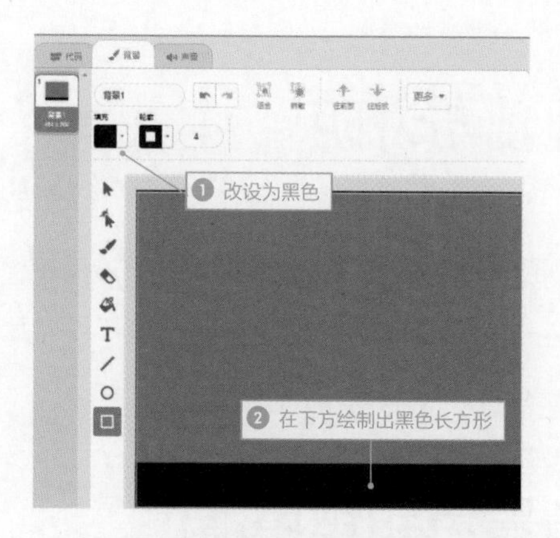

图 8-3　在舞台背景中绘制黑色长方形

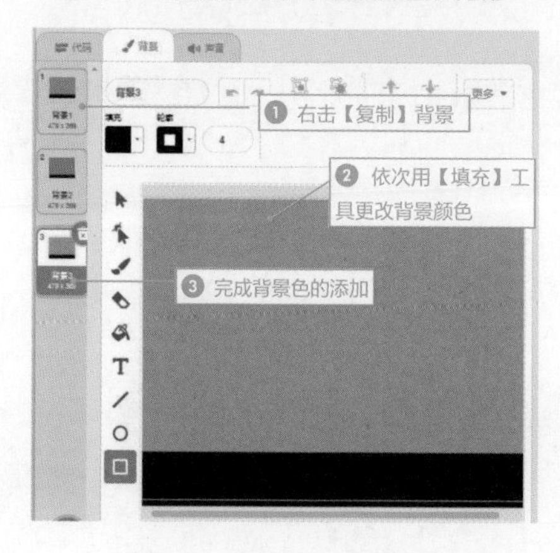

图 8-4　复制多个背景图

上传角色

先删除多余的“角色 1”，再利用【上传角色】功能上传缩略图与文字等角色图片，如图 8-5~ 图 8-7 所示。

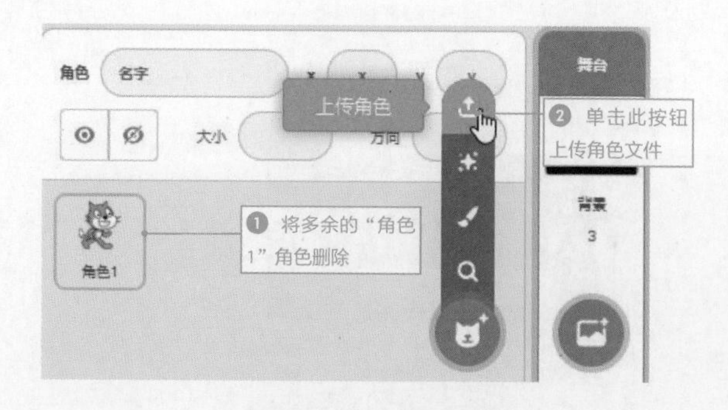

图 8-5　上传角色

图 8-6　选择上传的角色

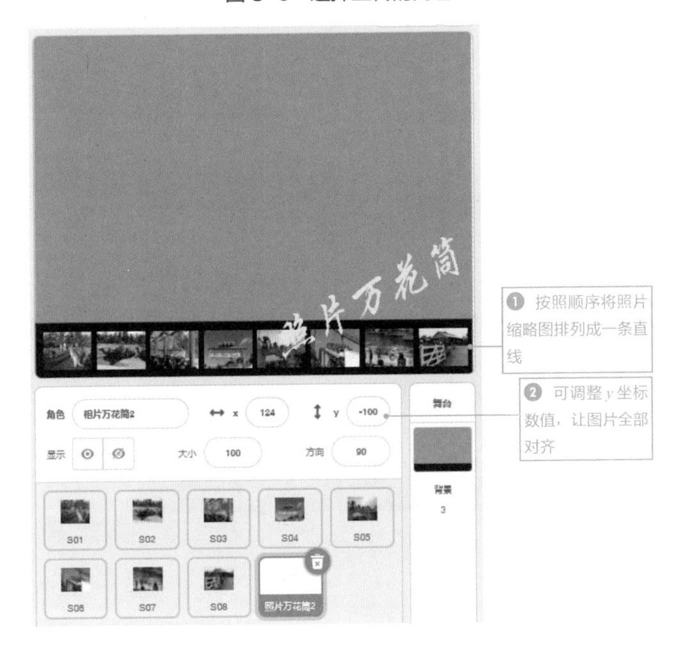

图 8-7　排版

完成如上操作后，排版大致完成，接下来将进行程序积木的搭建。

8.3 用空格键切换背景

单击绿旗后，可以利用空格键来切换背景图。根据此程序需求，将会使用【事件】类型的【当按下空格键】程序积木，通过事件的启动执行【下一个背景】的指令动作，如图 8-8 所示。

图 8-8 给背景添加程序积木

完成如上动作后，单击绿旗和按空格键检测其效果，如图 8-9、图 8-10 所示。

图 8-9 单击绿旗播放效果

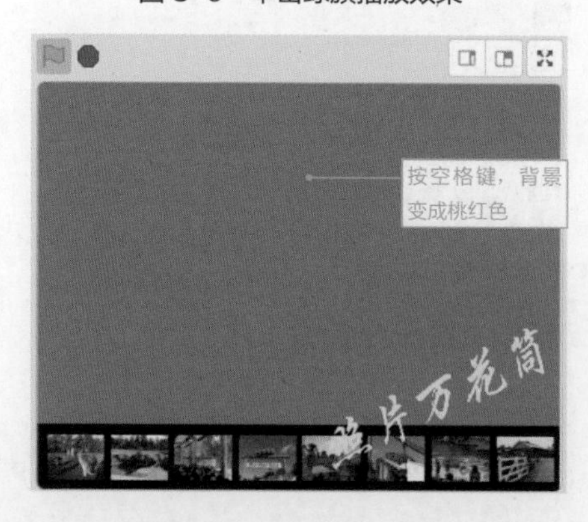

图 8-10 按空格键的效果图

8.4 设定缩略图的起始位置

背景图的切换设定完成后，接着来设定缩略图的起始位置。也就是说，当绿旗被单击时，所有的缩略图即使位置被改动了，也会自动回到指定的坐标上，以方便观看者进行选择。设定方式如图 8-11、图 8-12 所示。

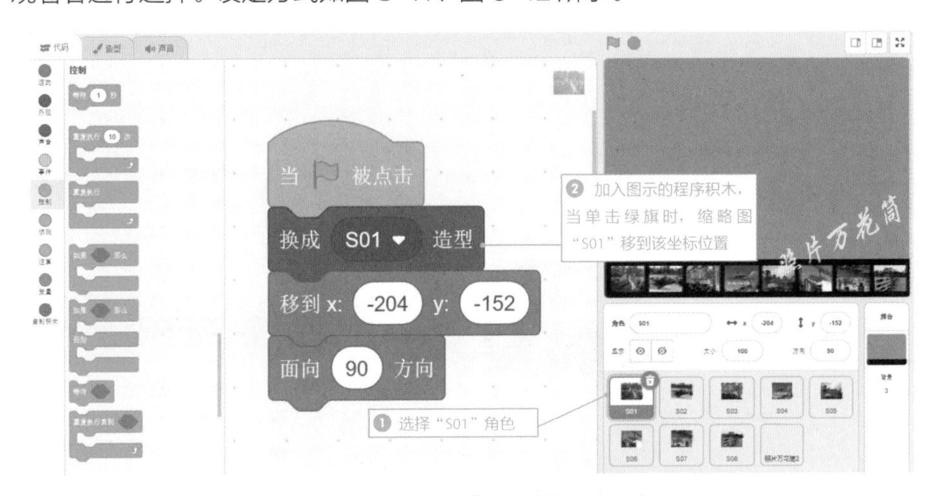

图 8-11 给“S01”角色增加程序积木

图 8-12 给“S02”~“S08”角色增加程序积木

在此范例中，由于缩略图和大图将放在同一个角色里，因此必须指明造型名称，使“缩略图”消失时，对应的大图可以正常显示在舞台指定位置。

8.5 设定大图位置与旋转角度

当缩略图就位后，添加大图到各个角色中，然后再设定角色被选择时显示大图，滑行到指定的位置后通过程序积木来让它向左旋转 10 度，让画面看起来有动感。

8.5.1 添加大图与设定位置 / 角度

大图位置与旋转角度的设定方式如图 8-13~ 图 8-16 所示。

图 8-13　上传大图

图 8-14　选择大图

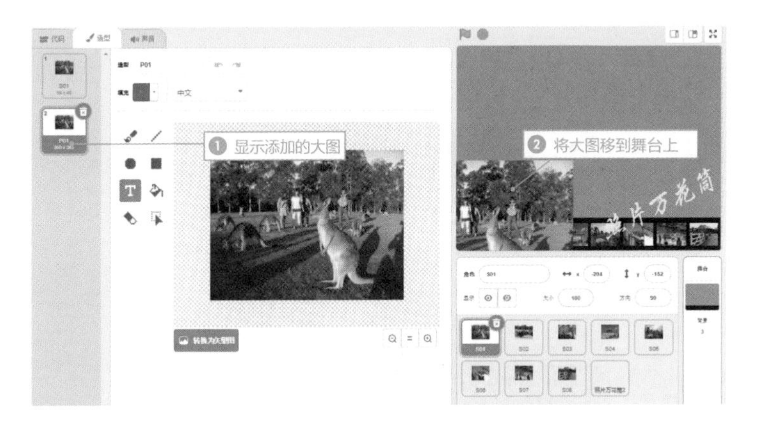

图 8-15 显示大图

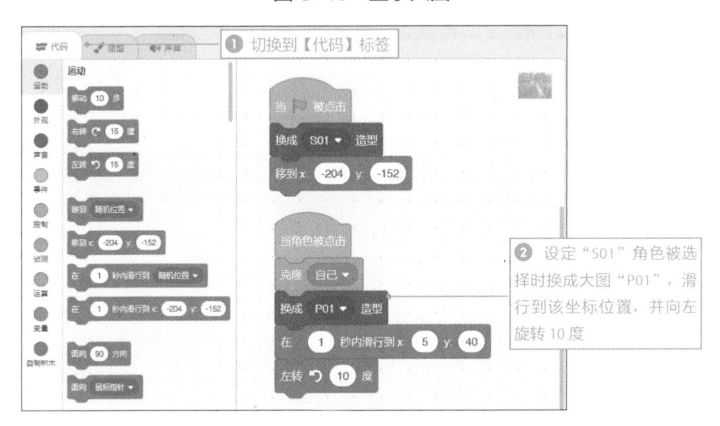

图 8-16 给"S01"角色添加程序积木

设定完成后单击绿旗播放项目，就会看到图 8-17 和图 8-18 所示的效果。

图 8-17 单击绿旗并单击"S01"缩略图

图 8-18　播放效果图

8.5.2 设置单击鼠标切换回缩略图

当浏览者看完大图后，只要单击鼠标或单击其他的缩略图，就能让画面恢复到原先的缩略图状态，同时转回原先的角度。按照这个脚本设计，我们将依次添加如下的程序积木，如图 8-19、图 8-20 所示。

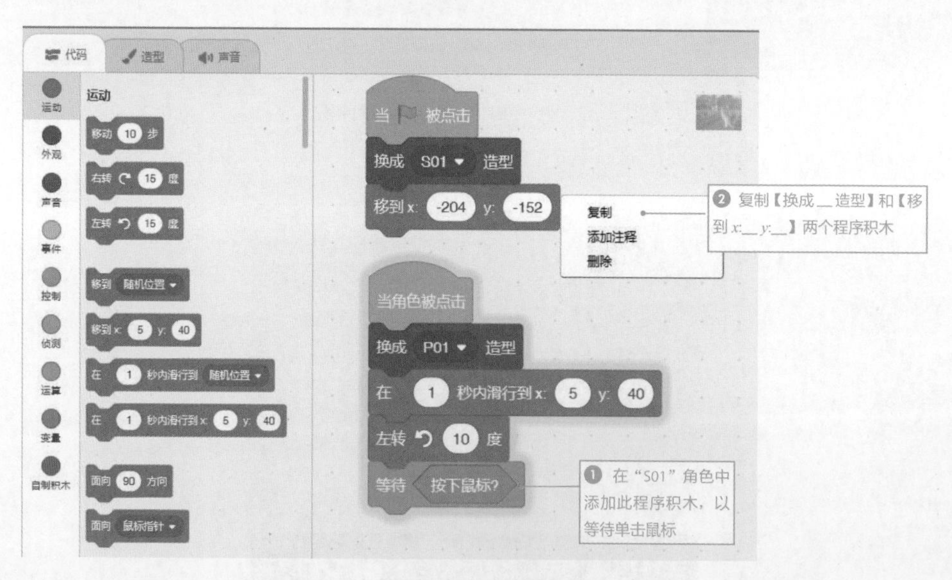

图 8-19　给角色“S01”添加程序积木（1）

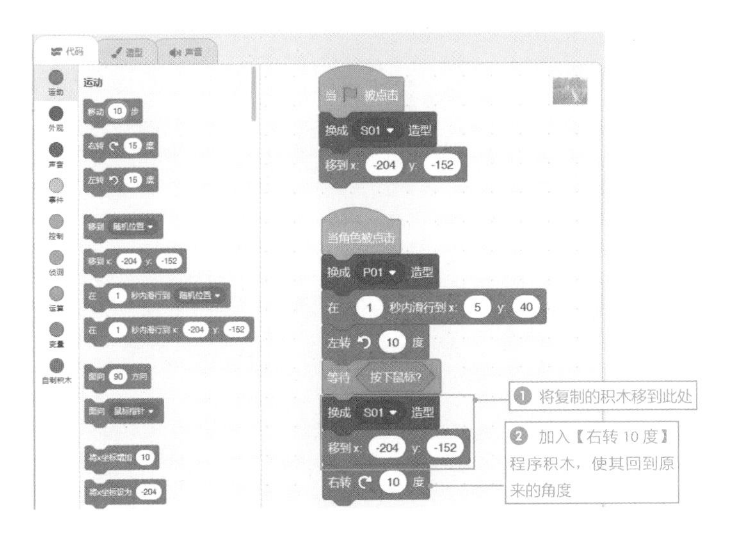

图 8-20　给角色“S01”添加程序积木（2）

8.5.3 设定缩略图面向 90 度

在刚刚的设定当中，虽然当角色被单击时，有分别做向左（大图）及向右（缩略图）的旋转，但是如果图片未回正时就单击红色按钮，那么下次单击绿旗播放时，缩略图就会变倾斜，而且测试次数越多，倾斜的角度就越明显，如图 8-21 所示。

图 8-21　缩略图运行后倾斜

鉴于此，我们还必须设定缩略图的方向，让绿旗被单击时，所有的缩略图都能面向 90 度，如图 8-22 所示。

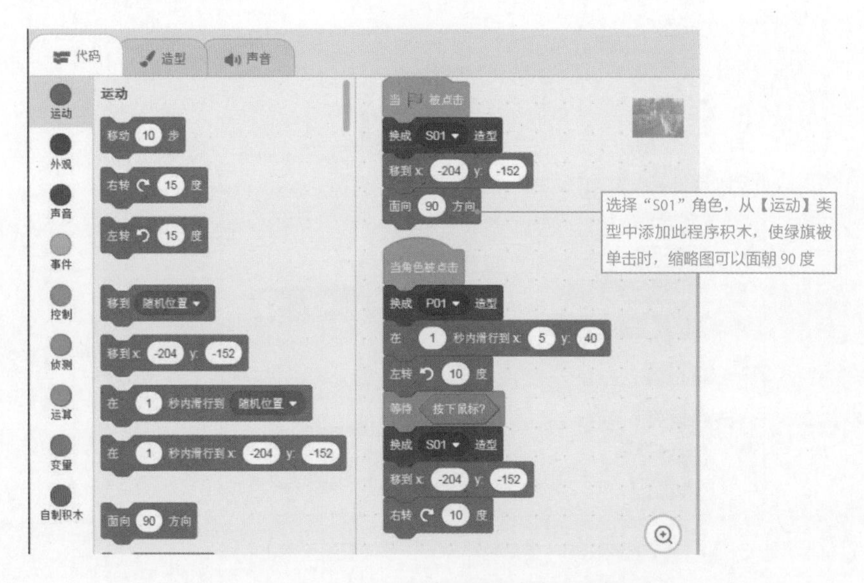

图 8-22　给“S01”添加程序积木来调整倾斜角度

完成图 8-22 所示的程序积木搭建，再次测试程序，就可以顺利地切换“S01”角色。接下来依次完成如下的动作，就可以完成所有的缩略图与大图的设定。

- 将【面向 90 方向】程序积木依次拖曳到所有的角色中，并搭建在【当绿旗被单击】序列的最下方。
- 依次将“S02”~“S08”角色的所属大图添加到造型中，设定大图位置与旋转角度，设定单击鼠标切换回缩略图。（程序部分可复制后再做搭建修改。）

此处列出所有程序积木的搭建供各位参考，如图 8-23 所示。

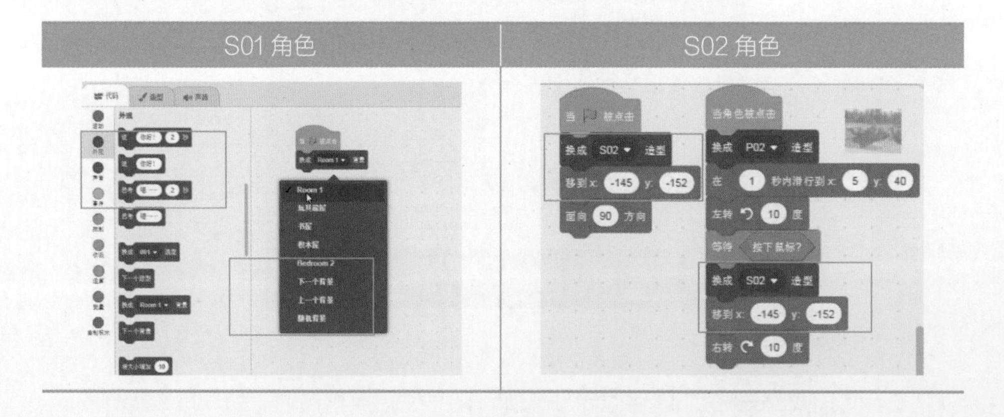

图 8-23　所有角色程序积木

续表

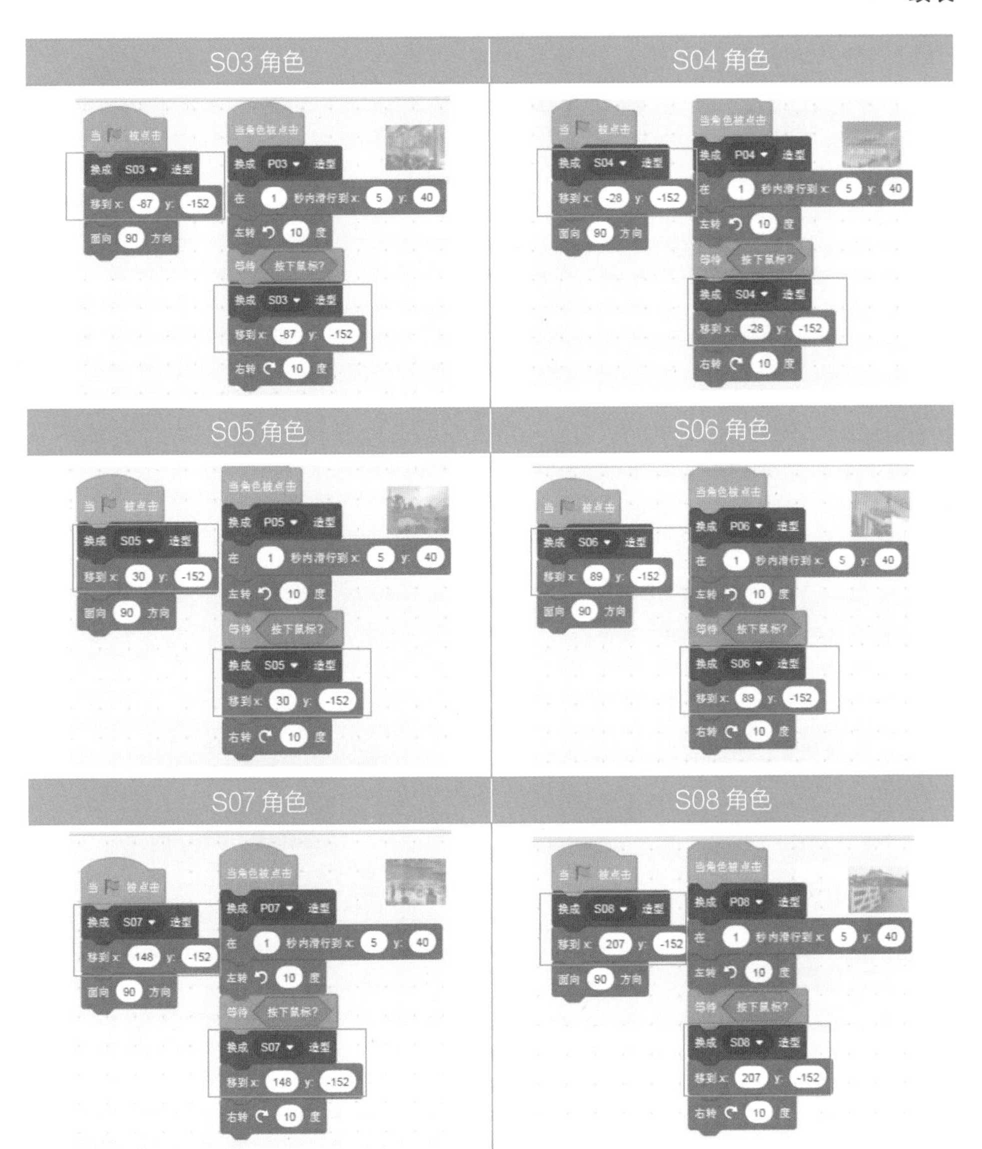

8.6 设定文字层上移与缩放效果

当大图出现在舞台上时，会将“照片万花筒”标题文字给遮住一部分，如图 8-24 所示。

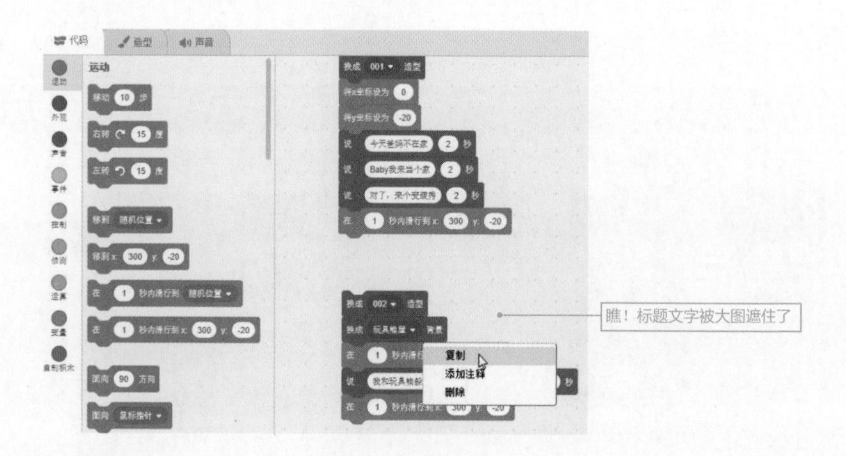

图 8-24　大图遮住标题

遇到这样的状况，可以利用【外观】类型中的【移到最前面】程序积木，将文字移到最上方。另外通过【将大小设为 __】程序积木可控制文字的缩放比例，只要文字能不停地缩放，画面就会具有动感。整体步骤如图 8-25~ 图 8-27 所示。

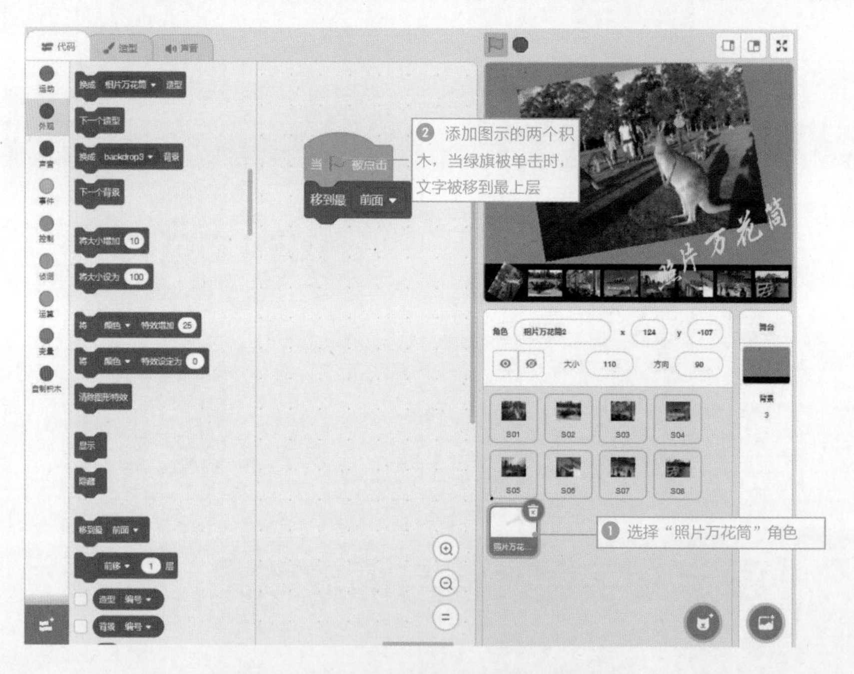

图 8-25　给“照片万花筒”角色添加程序积木

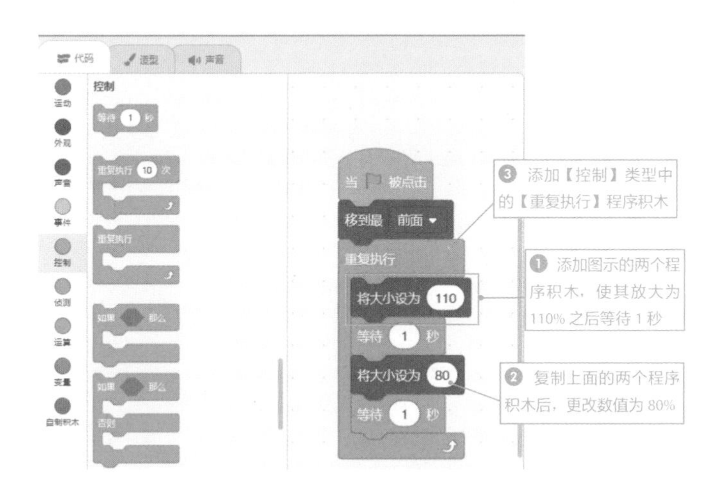

图 8-26 设定文字缩放比例

图 8-27 播放效果图

8.7 添加解说文字

在这个范例中，看到缩略图很多人会用鼠标进行单击，但是大多数人不知道按空格键可以切换舞台背景。因此在程序开始执行时，必须要有解说文字来加以说明。在“照片万花筒”标题文字上添加如下的程序积木，如图 8-28、图 8-29 所示。

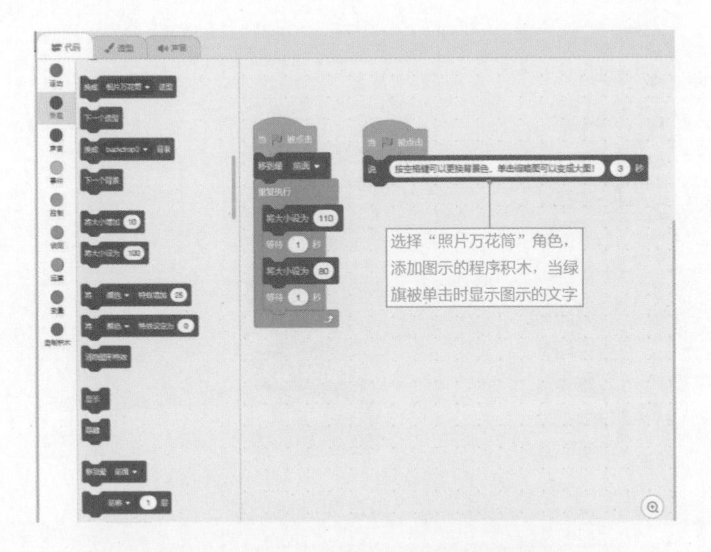

图 8-28　给“照片万花筒”角色添加程序积木

图 8-29　播放效果图

8.8 缩略图和原图同时显示

在这个范例中，单击缩略图后缩略图会以大图形式显示在舞台中央，原来缩略图的位置为黑色，这样看起来不是很美观，为了解决这个问题，给缩略图角色添加程序积木，步骤如图 8-30~ 图 8-32 所示。

图 8-30 原播放效果图

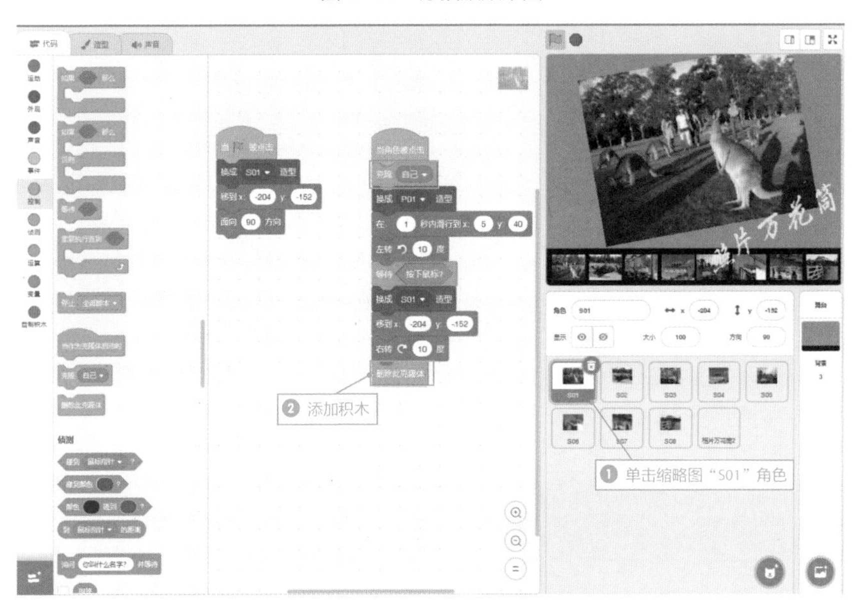

图 8-31 给“S01”角色添加积木

图 8-32　添加积木后的播放效果图

接下来，依次将“S02”到“S08”角色添加“S01”角色的积木即可。

第9章

欢乐同学录的制作锦囊

章节导引	学习目标
9.1 脚本规划与说明	了解本章关于脚本的说明
9.2 背景图的上传与设定	熟练上传背景图
9.3 首页照片的排版与设置	掌握照片的排版设置方法
9.4 【回同学录】按钮设定	学会操作【回同学录】
9.5 角色复制与修改	熟练修改角色
9.6 标题文字设定	学会设定标题文字

9.1 脚本规划与说明

这个范例以浏览为主题，通过选择照片显示相应人物的有关信息，单击橙色的【回同学录】按钮则可以回到首页画面重新选择。不过本章使用的程序技巧与第 8 章的范例并不相同，读者可以比较一下两者之间的用法差异。本范例中主要使用【事件】类型的【广播消息】功能，以及【外观】类型中的【显示】与【隐藏】功能，通过角色接收到的消息来控制角色的显示或隐藏。

9.2 背景图的上传与设定

首先将设计好的图片添加到舞台中备用。

9.2.1 舞台背景的添加与新绘

将每个同学的照片、姓名、兴趣爱好等数据设计成一张图片，然后依次添加到【背景】标签中，另外再新画一张单色的背景图当作首页背景，以便把同学的照片安排在首页当中，如图 9-1~ 图 9-4 所示。

图 9-1　单击【上传背景】按钮

图 9-2　选择需上传的背景图

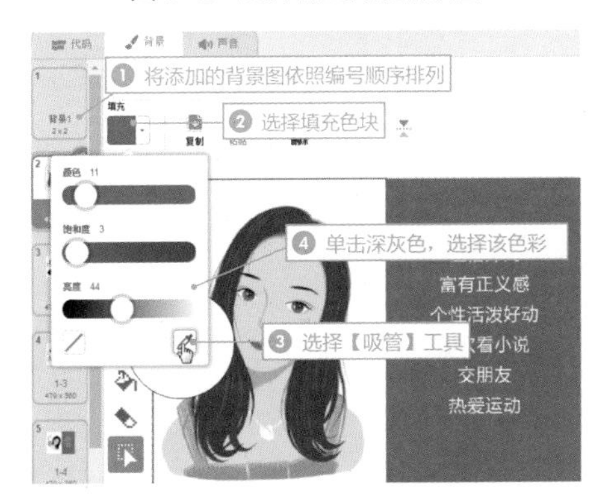

图 9-3　用【吸管】工具吸取颜色

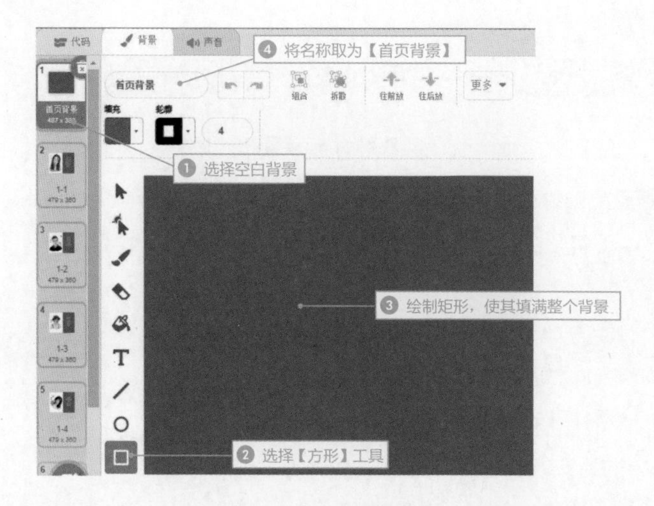

图 9-4 给空白背景上色

9.2.2 舞台背景的程序积木搭建

当绿旗被单击时，将舞台背景设定为【首页背景】。只要在舞台处搭建如下两个程序积木即可完成，如图 9-5 所示。

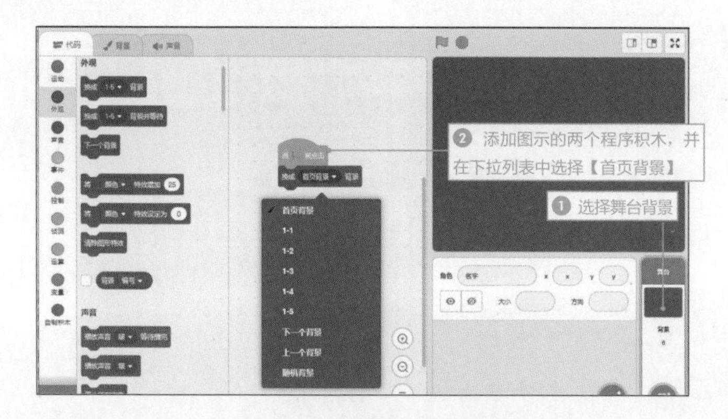

图 9-5 给背景添加程序积木

9.3 首页照片的排版与设置

当同学们的个人信息都添加到舞台背景后，设定用作首页的照片。为了方便各位观看程序搭建的结果，我们先添加一张照片，对其进行程序积木搭建，确定效果后再一一添加其他照片，同时复制程序积木。

9.3.1 添加首页照片

首先将舞台最左边的照片“01.png”添加到角色区中备用，如图 9-6~ 图 9-8 所示。

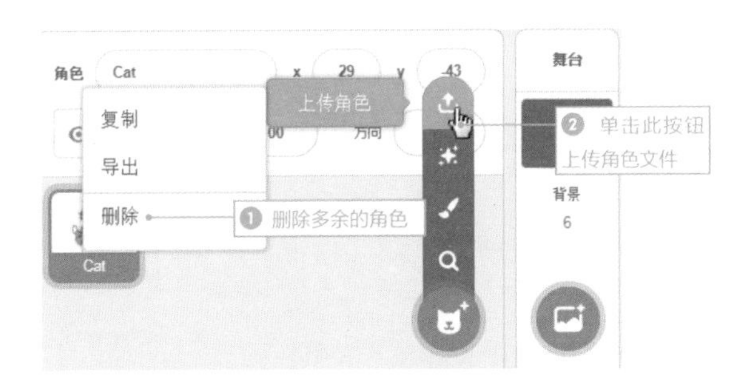

图 9-6　上传角色

图 9-7　打开角色文件

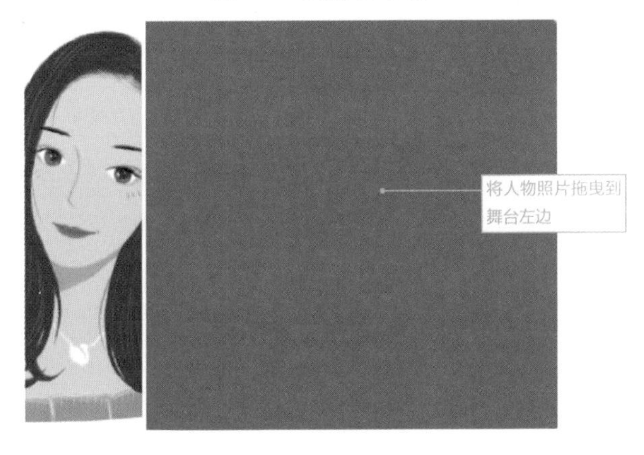

图 9-8　排版效果图

9.3.2 搭建照片的程序积木

刚刚添加进来的人物照片是搭建在舞台背景之上的，即使背景切换了，人物照片仍会停留在原来的位置。除非将人物照片【隐藏】，否则会影响到背景图的显示。因此在脚本设计方面，主要注意以下 4 点。

- 当绿旗被单击时，人物的照片就显示出来。
- 当角色（照片）被单击时，将舞台背景设定为对应的个人资料，同时开始广播，传送【隐藏】的消息给所有的角色。（如此一来，首页的人物照片才会有隐藏的机会。）
- 如果该角色（照片）接收到【隐藏】的消息就隐藏起来。
- 如果该角色（照片）接收到【回同学录】的消息就显示出来。

整体步骤如图 9-9~ 图 9-11 所示。

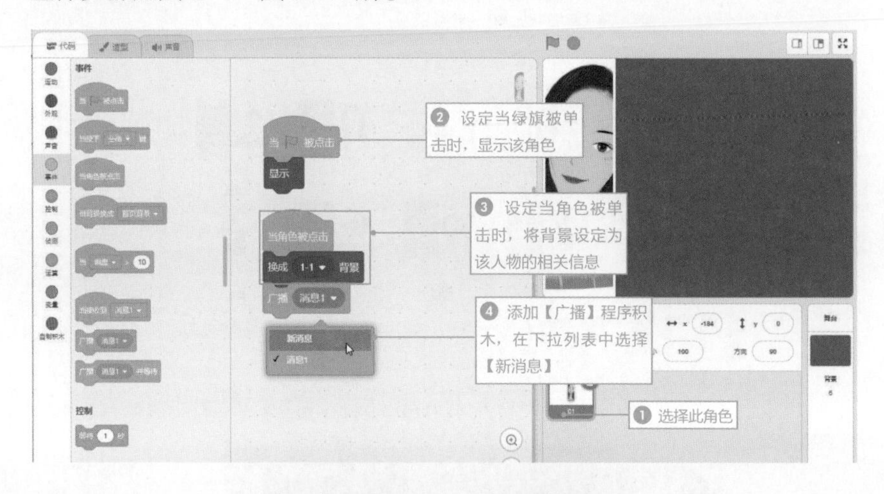

图 9-9 给角色“01”添加程序积木

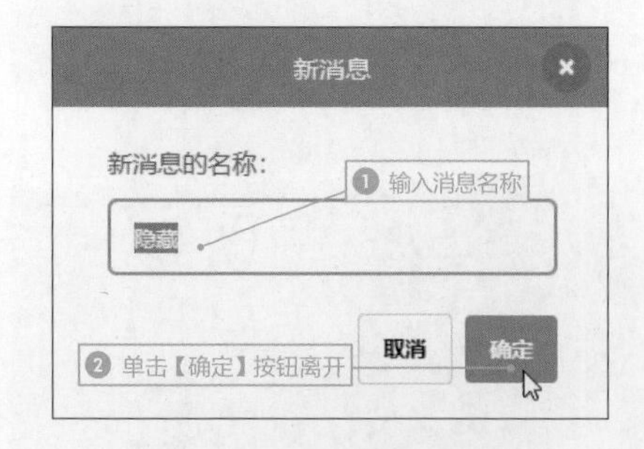

图 9-10 输入新消息名称

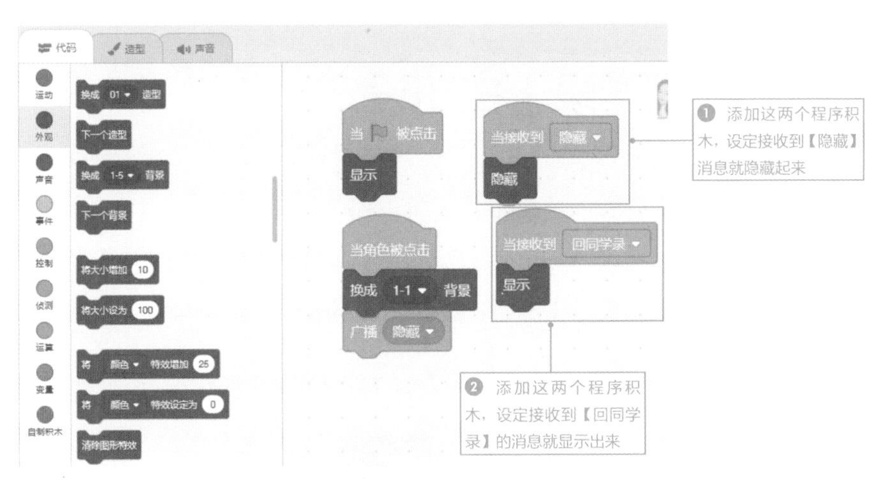

图 9-11　继续给角色“01”添加程序积木

完成如上设定，单击绿旗播放效果，就可以由照片切换到个人信息了，如图 9-12、图 9-13 所示。

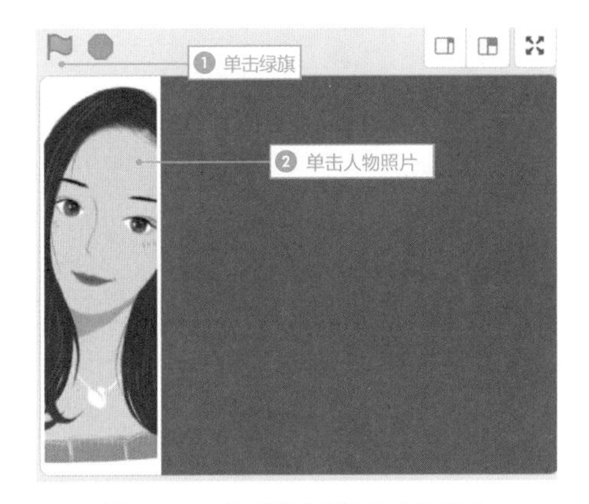

图 9-12　分别单击绿旗和人物照片

图 9-13　效果显示

9.4 【回同学录】按钮设定

刚刚的脚本设定，让我们顺利地切换到照片人物的个人信息，不过没有办法回到首页画面。在舞台上必须有一个可以回到首页画面的按钮，才能顺利地切换。

在角色区单击【上传角色】按钮，打开“-02.png”图片文件，然后将按钮图片放置在如下的位置上，如图 9-14 所示。

图 9-14　上传【回同学录】按钮图片并设置大小

对于【回同学录】按钮，给其设定的脚本重点如下。

- 当绿旗被单击时，先隐藏该按钮。
- 如果该按钮角色被单击，将舞台背景设为单色的【首页背景】，同时隐藏【回同学录】按钮，并开始广播传送【回同学录】的消息给所有的角色。
- 如果该按钮角色接收到【隐藏】的消息就显示出来。

按照上边的脚本设定，现在在【回同学录】角色中搭建出图 9-15 所示的程序积木。

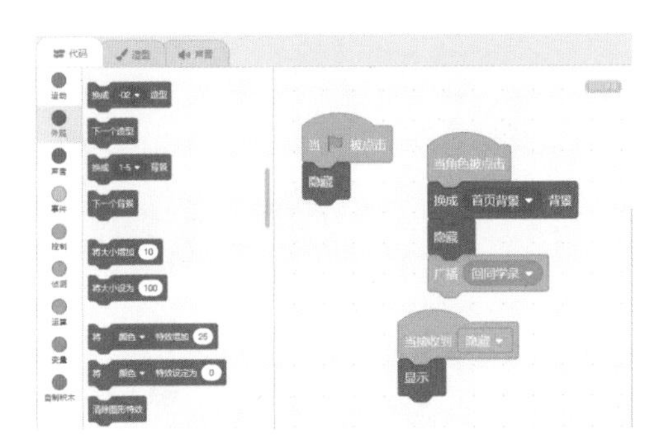

图 9-15　给【回同学录】按钮角色添加程序积木

9.5 角色复制与修改

当同学照片与个人信息可以顺利地切换后，按照顺序完成其他照片与个人信息的连接。由于搭建的程序积木几乎相同，因此可以利用【复制】功能来复制角色与程序积木，然后再修改属性内容，如图 9-16~ 图 9-21 所示。

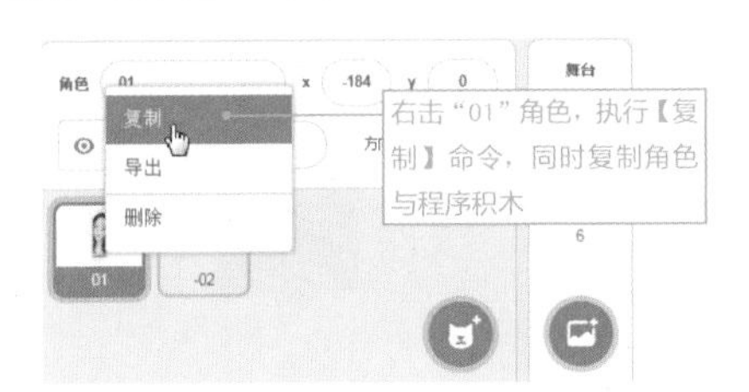

图 9-16　复制“01”角色

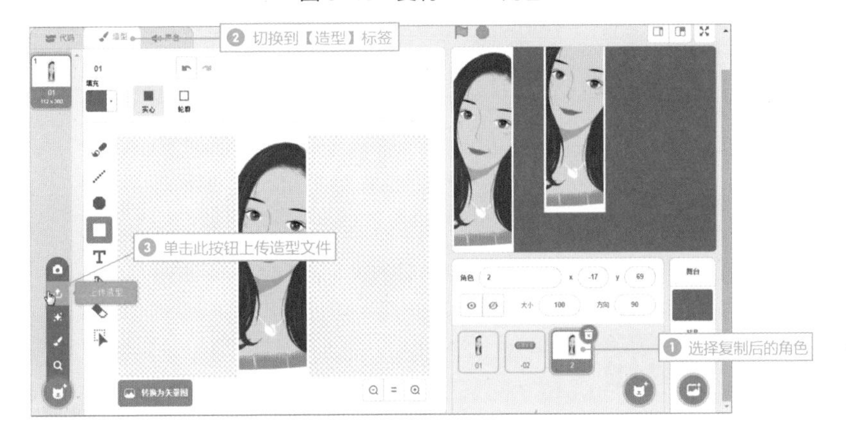

图 9-17　在【造型】标签中上传新造型

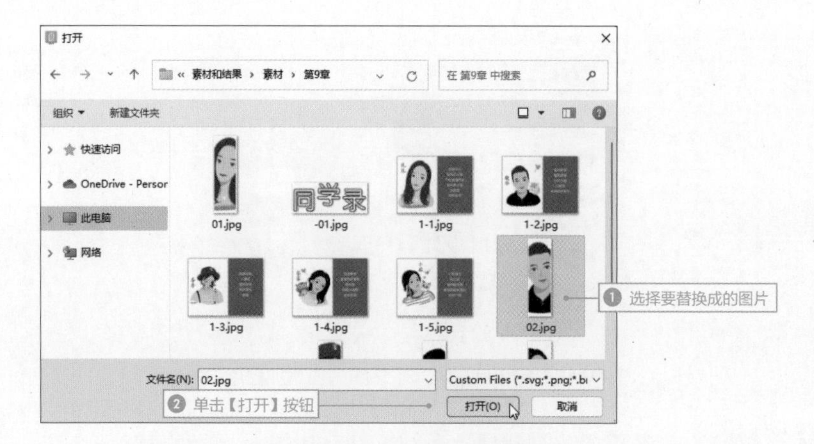

图 9-18　选择替换成的图片

图 9-19　删除原造型后的效果图

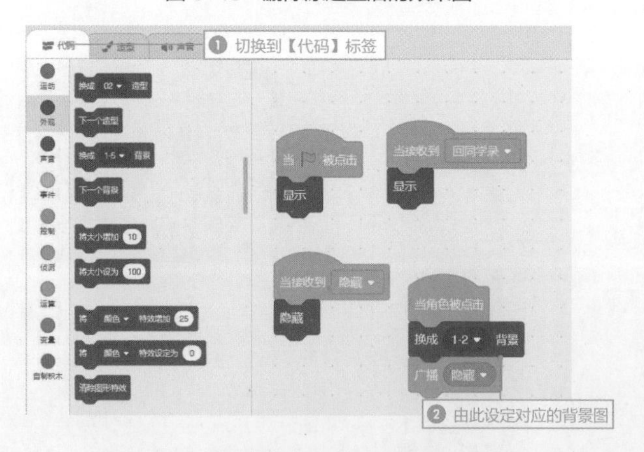

图 9-20　修改角色“02”的背景程序积木

图 9-21　排版首页画面

在调整图片位置时，将【当角色被单击】与【换成 1-2 背景】两块积木先予以分离，这样就可以轻松调整位置，如图 9-22 所示。在这里介绍一个排版的小技巧，读者可以在角色区设置 x 和 y 的坐标位置以便它们整齐排列。

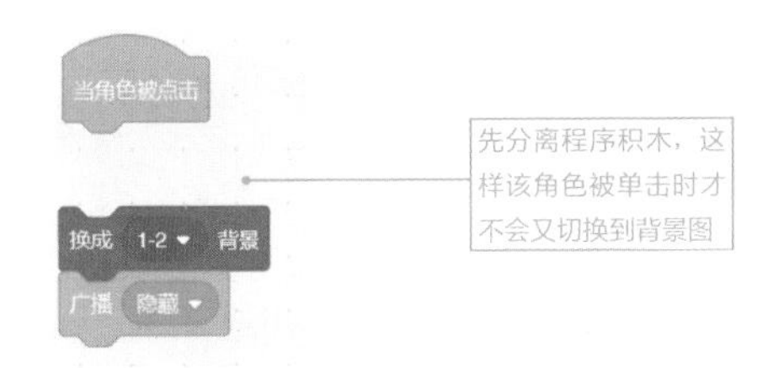

图 9-22　分离积木更好设置位置

确定第二张照片的连接没有问题后，按照上述技巧完成所有照片的连接，效果如图 9-23 所示。

图 9-23　排版效果图

9.6 标题文字设定

首页画面里必须要有标题文字，这样观看者才会知道这个程序的主题内容。由于标题文字只有在绿旗被单击时或是要做照片选择时才需要出现，而切换到个人信息时则必须隐藏起来，因此必须针对以下 3 点来搭建程序。

- 当绿旗被单击时，标题要显现，并且要放置在最上层，否则会被照片挡住。
- 当标题角色接收到【隐藏】的消息时就必须隐藏起来。
- 当标题角色接收到【回同学录】的消息时就必须显示出来。

按照上述脚本设计，上传“-01.png”图片到角色区中，同时完成程序积木的搭建，如图 9-24 所示。

图 9-24 给“-01”角色添加程序积木及运行效果图

第10章

惊奇屋历险之旅

章节导引	学习目标
10.1 脚本规划与说明	了解本章脚本的规划
10.2 上传背景与角色	学会上传角色与背景
10.3 设定魔术箱效果	掌握魔术箱的设定方法
10.4 设定小鸟效果	掌握小鸟效果的设定方法
10.5 设定飞行精灵效果	掌握飞行精灵的设定方法
10.6 设定水晶球效果	掌握水晶球效果的设定方法
10.7 设定魔镜效果	学会设定魔镜效果
10.8 设定音符效果	学会设定音符效果

本章设计

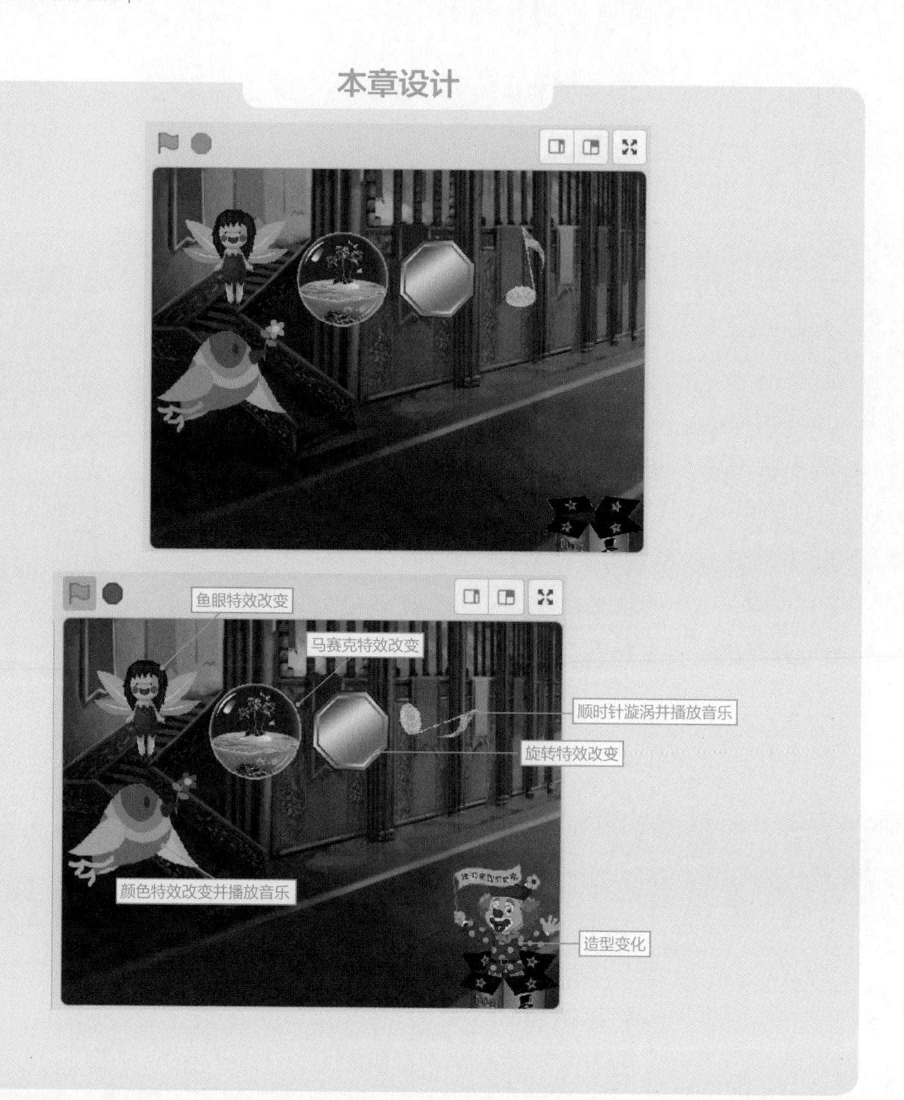

10.1 脚本规划与说明

这个范例设计的重点在于屋中的所有对象，只要碰到鼠标，就会出现各种变化效果，如颜色的变化、旋转、鱼眼、马赛克或是出现声音等，让观看者有惊奇的感受。由于多数的程序积木先前使用过，因此介绍时会偏重于未曾用过的程序积木。读者也可以继续发挥创意，自由地添加各种角色，让惊奇屋的效果更丰富。

10.2 上传背景与角色

首先将所需要的舞台背景与角色准备好，以便进行角色的程序搭建。

10.2.1 设定舞台背景

舞台背景部分，我们将在 Scratch 的【背景库】中直接选用“Castle 3”，如图 10-1~ 图 10-3 所示。

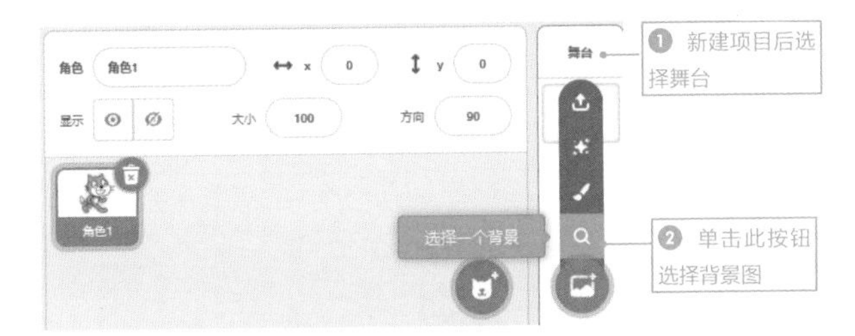

图 10-1 单击选择一个背景

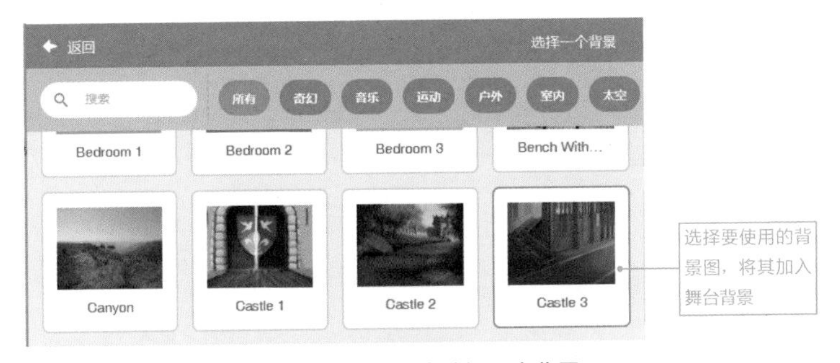

图 10-2 在库中选择一个背景

图 10-3 背景完成图

10.2.2 上传角色

确定舞台背景后，接下来将所需的角色上传到 Scratch 的角色区中，如图 10-4~ 图 10-6 所示。

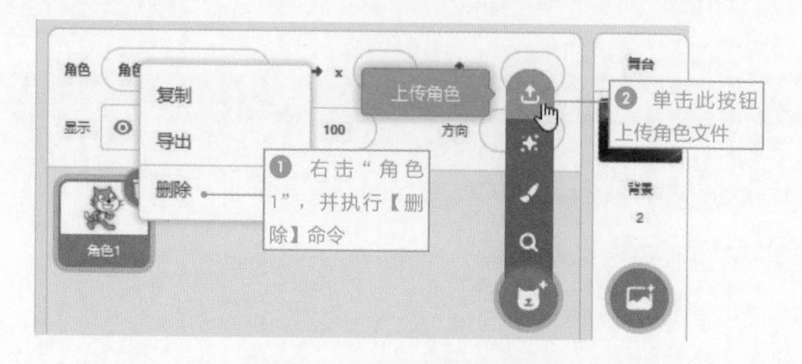

图 10-4　上传角色文件

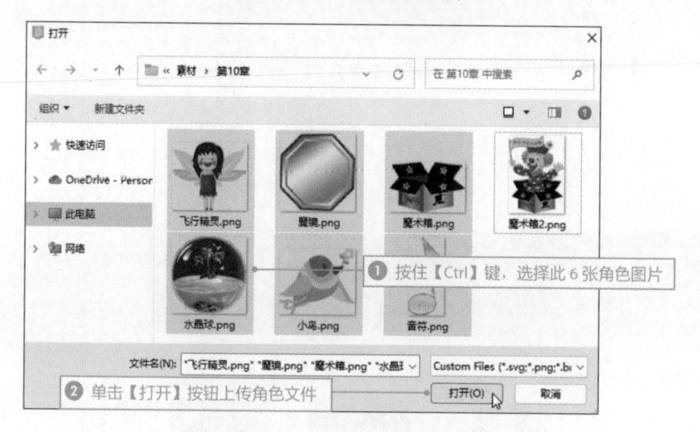

图 10-5　选择角色图片

图 10-6　角色排列效果图

由于“魔术箱”角色需要做造型的变化，因此在此一并上传造型，如图 10-7~ 图 10-9 所示。

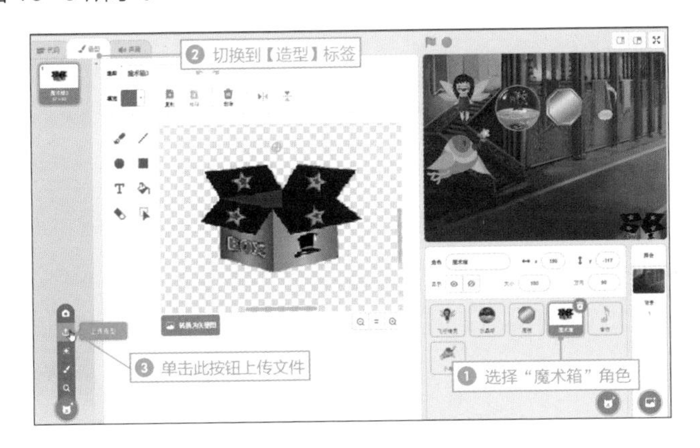

图 10-7 上传魔术箱造型图片

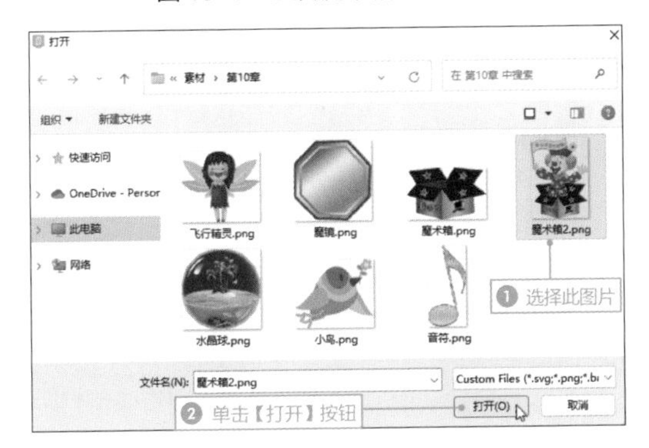

图 10-8 选择魔术箱造型图片

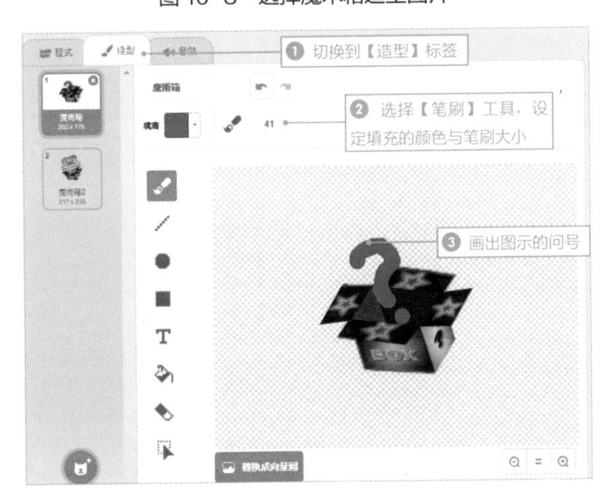

图 10-9 给魔术箱造型画上问号

到现在为止，所有的角色与造型全部设定完成。接下来利用程序积木来搭建脚本。

10.3 设定魔术箱效果

设定当绿旗被单击时，如果“魔术箱”角色碰到鼠标指针，就将造型切换成“魔术箱 2”，当鼠标指针移开角色时，就将造型切换回“魔术箱”。

依此脚本说明，将会用到如下两个新的程序积木，如表 10-1 所示。

表 10-1 “魔术箱”角色需要的程序类型、程序积木及说明

程序类型	程序积木	说明
控制	如果 ⬡ 那么 否则	如果六边形中的条件式成立，就执行其内层中的指令动作；如果条件式不成立，则执行【否则】内层中的指令动作
侦测	碰到 鼠标指针 ▾ ? ✓ 鼠标指针 舞台边缘 水晶球 魔术箱 小鸟	程序做侦测时，如果碰到鼠标指针、边缘或特定角色，会出现特殊的效果。在此范例中，我们着重于【鼠标指针】的介绍，而第 5 章曾介绍过特定角色（水草），读者可以翻回去参阅一下

按照如上的脚本，在【代码】标签中为“魔术箱”角色搭建出图 10-10 所示的程序积木。

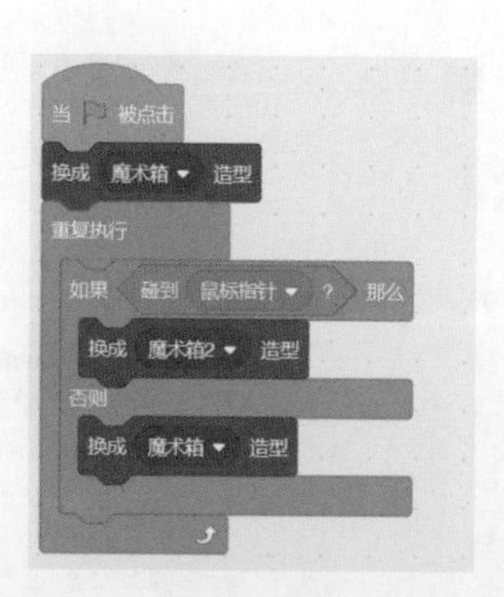

图 10-10 给魔术箱造型添加程序积木

加入程序积木后，单击绿旗即可看到图 10-11 和图 10-12 所示的效果。

图 10-11 单击绿旗播放

图 10-12 鼠标指针移到魔术箱的播放效果

10.4 设定小鸟效果

设定当绿旗被单击时，如果小鸟角色碰到鼠标指针，就将造型颜色做特效的改变，并播放指定的声音"Mystery"。重复不断地改变颜色特效与播放声音。但是当绿旗被单击时，必须先清除所有的图形特效，以便以原有的色彩显示角色。

按照上述设计，将会用到【外观】类型中的【清除图形特效】程序积木，加入此程序积木后，颜色、鱼眼、漩涡、像素化、马赛克、亮度或虚像的特效都会被移除。

10.4.1 添加声音

要让鼠标指针碰到小鸟后可以听到音乐声，就必须在【声音】标签中先设定音乐。设定方式如图 10-13~ 图 10-15 所示。

图 10-13 从声音库选择声音

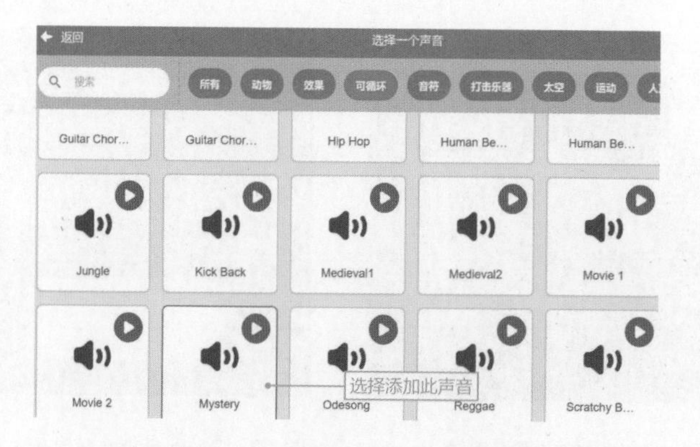

图 10-14 选择“Mystery”声音

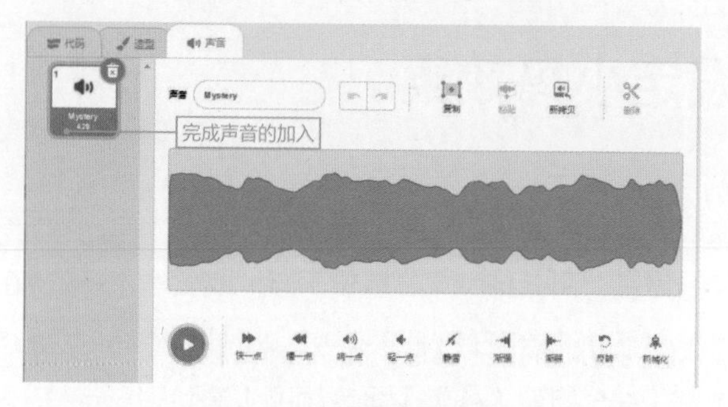

图 10-15 声音添加完毕

10.4.2 设计小鸟的程序积木

请按照上述的脚本设计思想，在【代码】标签中为“小鸟”角色搭建出如图 10-16 所示的程序积木。

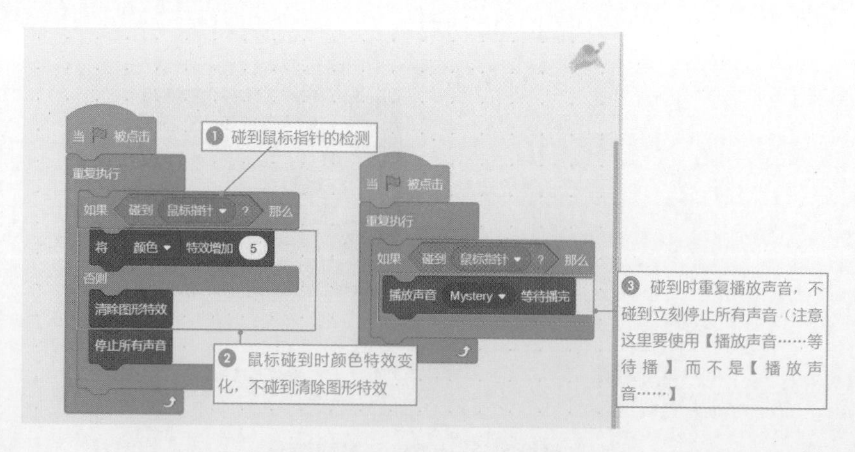

图 10-16 给“小鸟”添加程序积木

设定完成后单击绿旗，并将鼠标指针移到小鸟上，就会看到色彩的变化，同时播放神秘的音乐，鼠标指针移开时则色彩变化暂停，并停止所有声音，如图 10-17 所示。

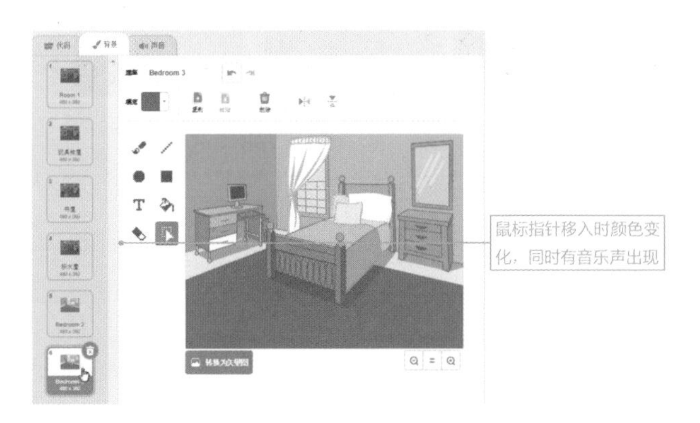

图 10-17 播放时鼠标指针靠近小鸟的效果图

10.5 设定飞行精灵效果

对于飞行精灵，当绿旗被单击时，如果角色碰到鼠标指针，就通过鱼眼的特效让精灵的嘴巴变大，当鼠标指针移开时，飞行精灵又能够马上恢复原状。我们可以利用【如果 __ 那么 __，否则 __】程序积木来处理，以便鼠标指针移开时可以清除所有的图形特效。

按照上述脚本设计思想，在【代码】标签中为“飞行精灵”角色搭建出图 10-18 所示的程序积木。

图 10-18 给“飞行精灵”角色添加程序积木

图 10-19 所示是鱼眼特效的变化，嘴巴变得很大。

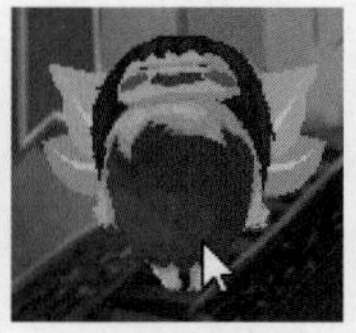
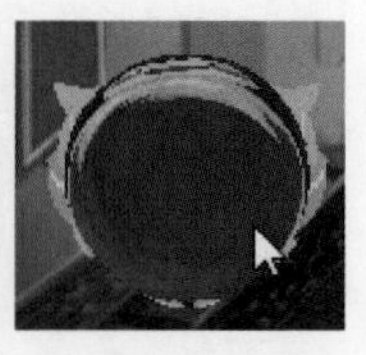

图 10-19　飞行精灵运行效果图

10.6 设定水晶球效果

对于水晶球部分，当绿旗被单击时，如果鼠标指针碰到水晶球，就显示马赛克特效。其改变的方式是通过计算机的运算，在 1 至 5 之间随机选一个数值，这样每次的效果就会不一样；当鼠标指针移开时水晶球就恢复原状。当单击绿旗时，重复执行上述的指令动作。根据上述的角色设计说明，为“水晶球”角色搭建出图 10-20 所示的程序积木。

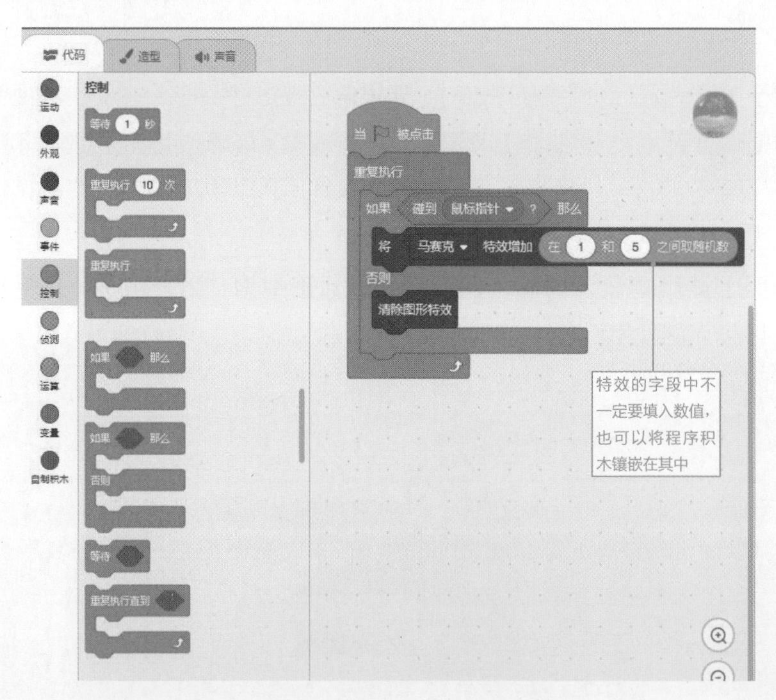

图 10-20　给“水晶球”角色添加程序积木

查看水晶球的变化，每一次效果都不一样，如图 10-21 所示。

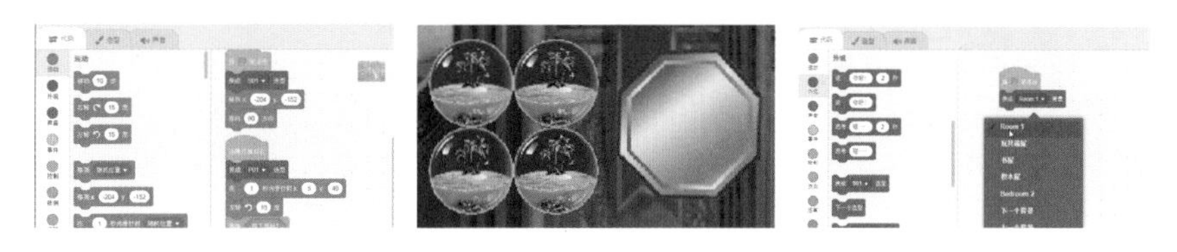

图 10-21　水晶球运行效果图

10.7 设定魔镜效果

对于魔镜，设定当绿旗被单击时，鼠标指针碰到魔镜，就显示漩涡特效，否则就让魔镜恢复原状。当绿旗被单击时，重复执行上述的指令动作。按照上述的角色脚本设计说明搭建出来的程序积木如图 10-22 所示。

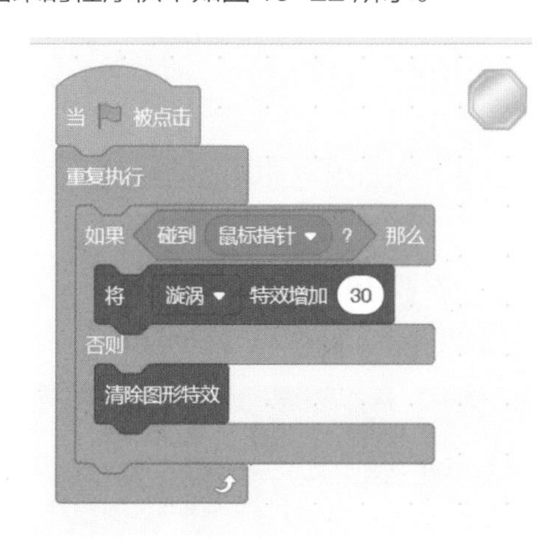

图 10-22　给“魔镜”角色添加程序积木

图 10-23 所示是旋转特效的变化。

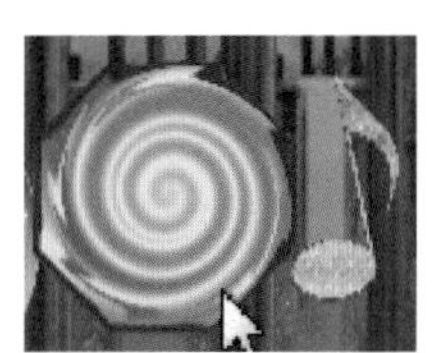  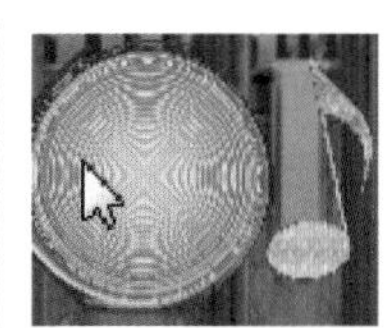

图 10-23　魔镜运行效果图

10.8 设定音符效果

对于音符部分，当绿旗被单击时，鼠标指针碰到音符就播放“Hip Hop”音乐，同时向右转 10 度。重复不断地执行上述的指令动作，就可以看到音符顺时针移动。当绿旗被单击时，一律将音符面向 90 度方向，使其恢复原状，不呈现倾斜状态。

按照上述的角色脚本设计说明，选择“音符”角色，在【声音】标签的声音库中上传“Hip Hop”声音，然后在【代码】标签中搭建出图 10-24 所示的程序积木。

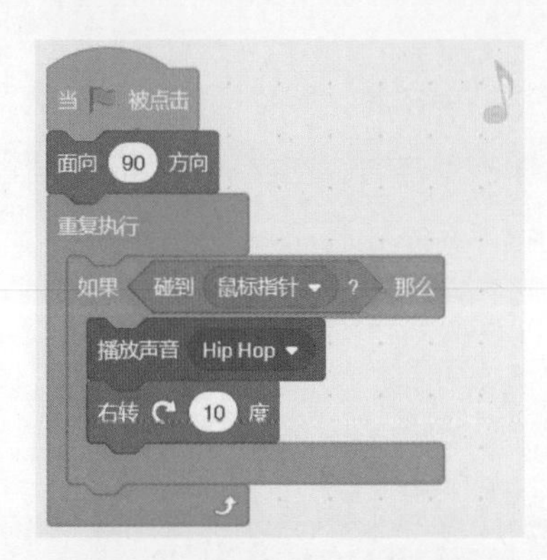

图 10-24　给音符添加程序积木

音符设定完成，瞧瞧它的效果，如图 10-25 所示。

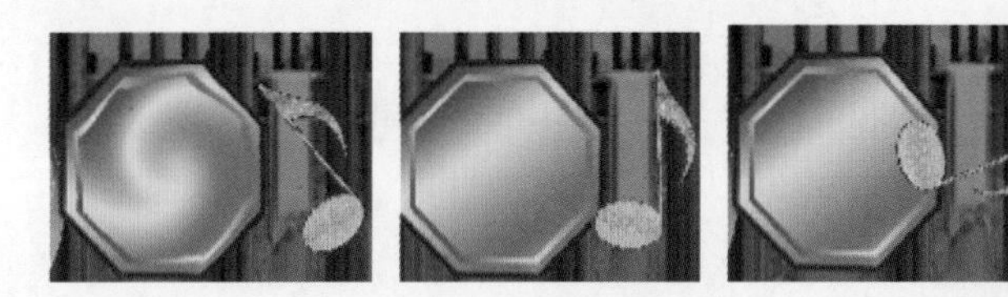

图 10-25　音符运行效果图

第11章

心情涂鸦板

章节导引	学习目标
11.1 脚本设计与说明	了解本章脚本的设计
11.2 上传背景与角色	学会上传方法
11.3 设置画笔的效果	掌握画笔的使用方法

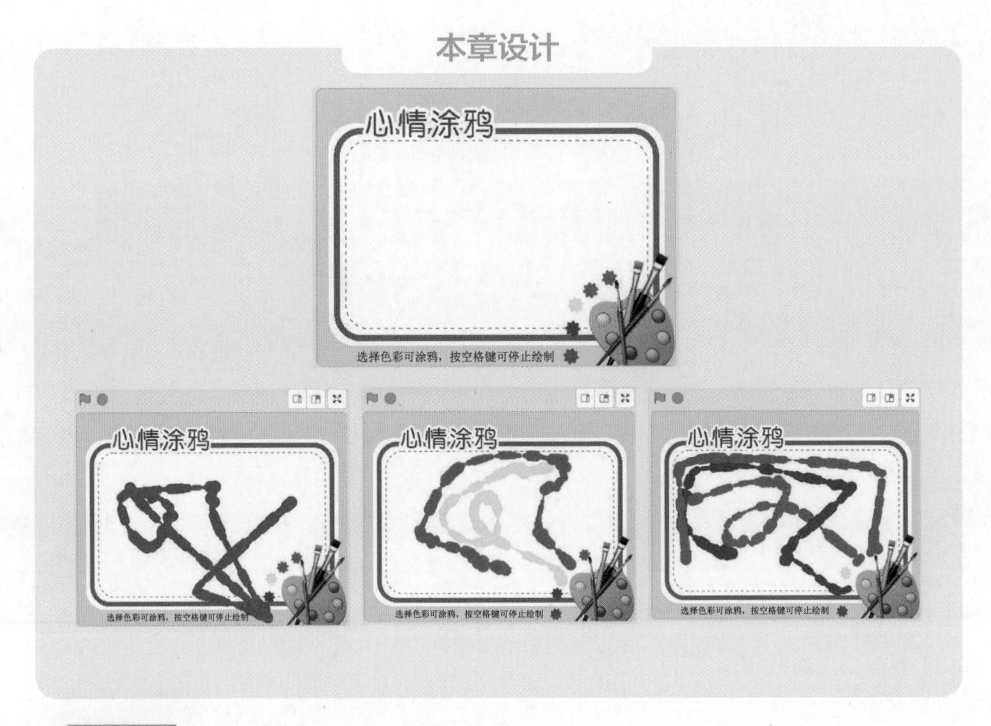

11.1 脚本设计与说明

这个范例的设计重点在于画笔与声音的程序积木。通过画笔颜色的设定与画笔大小的控制，涂鸦者可以自由选择喜欢的色彩，通过移动鼠标指针，来绘出个人的心情故事。不同色彩搭配不同的背景音乐来表现心情。涂鸦者可以使用空格键停止颜色的绘制，以便再次选择其他的色彩来继续涂鸦。

11.2 上传背景与角色

在了解范例的整体设计后，首先将所需要的舞台背景与角色准备好，以便实现其相应功能。

上传舞台背景的步骤如图 11-1~ 图 11-3 所示。

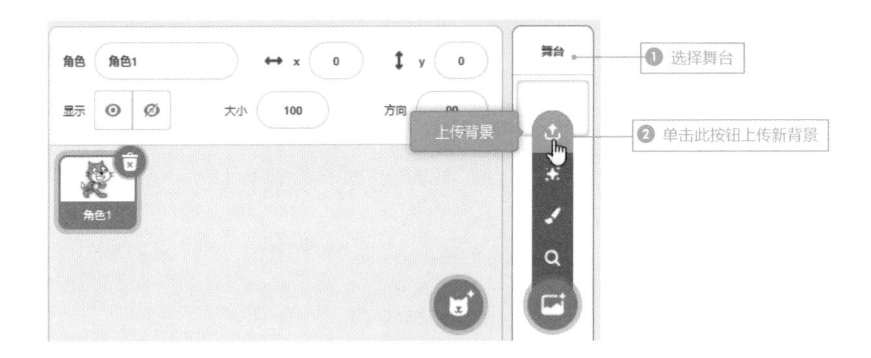

图 11-1　上传舞台背景

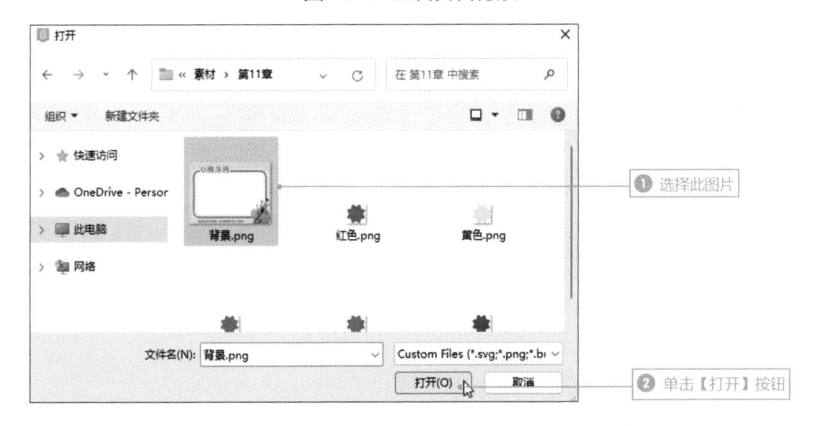

图 11-2　选择上传的背景图片

图 11-3　删除多余背景图片

上传角色的步骤如图 11-4~ 图 11-6 所示。

舞台背景确认后，上传红、紫、黄、绿、蓝等角色到角色区中备用。

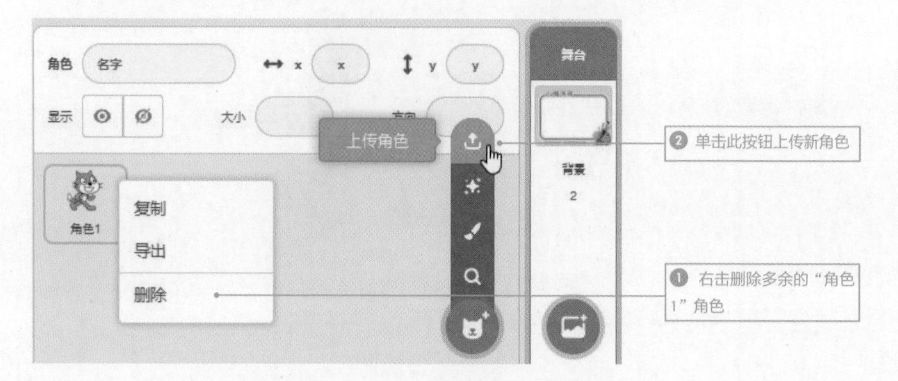

图 11-4　删除多余角色并上传新角色

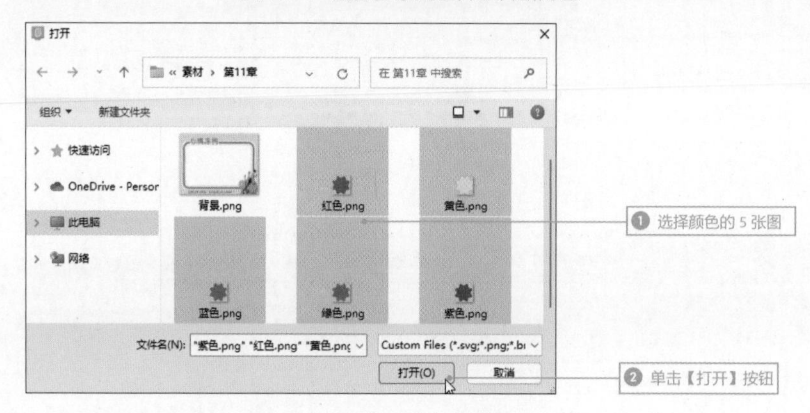

图 11-5　选择上传的角色图片

图 11-6　排列效果图

11.3 设置画笔的效果

排版完成后，依次设定红色、紫色、黄色、绿色、蓝色等色彩的画笔效果。

11.3.1 添加【画笔】类型积木

Scratch 3 在默认的状态下，【代码】标签中并没有显示【画笔】类型，如果要使用画笔的相关积木，就要单击【代码】标签下方的【添加扩展】按钮来加入，如图 11-7~ 图 11-9 所示。

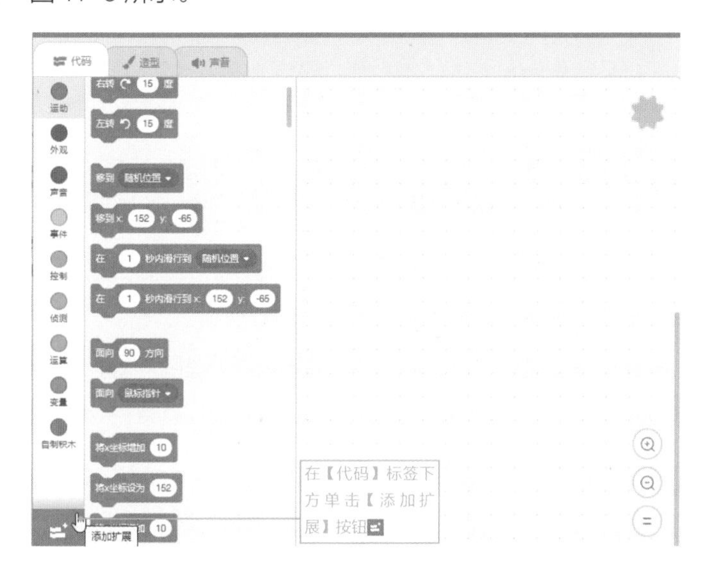

图 11-7　单击【添加扩展】按钮

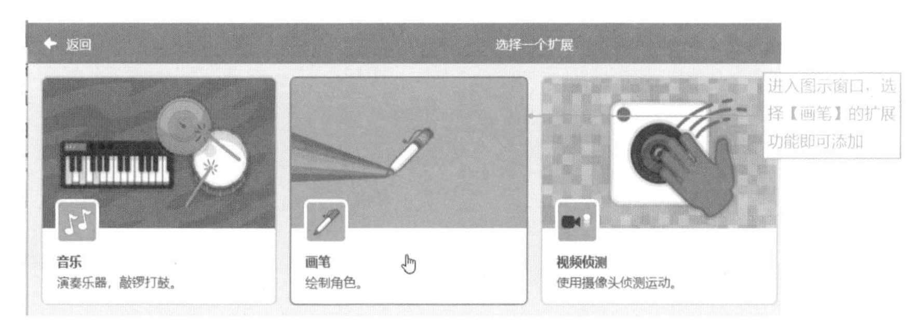

图 11-8　添加画笔的扩展功能

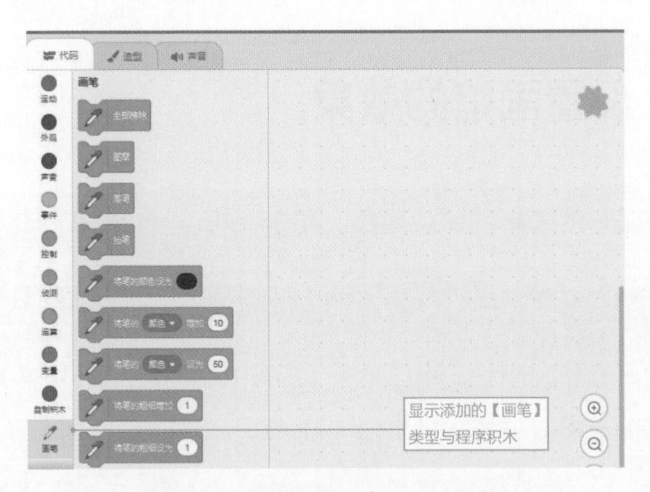

图 11-9　画笔功能在【代码】标签中显示

11.3.2 设置红色画笔

当涂鸦者在调色盘上选择红色后，舞台上就开始播放音乐。涂鸦者可以配合着音乐，用鼠标指针代替红色画笔来画画，只要鼠标指针移到的地方，就会出现粗细不一的红色线条，直到涂鸦者按空格键时停止所有声音及画画功能，否则就会不断重复用红色画笔画画。

另外，当绿旗被单击时，“红”角色会自动归位到调色盘上，方便涂鸦者选择，同时舞台上原有的涂鸦线条也一并被清除干净，以便进行新的涂鸦。

依此脚本设计，将运用到以下几个程序积木，如表 11-1 所示。

表 11-1　设置红色画笔需要的程序类型、程序积木及其说明

程序类型	程序积木	说明
画笔	全部擦除	清除舞台上所有的笔迹或盖章
画笔	落笔	开始下笔画画
画笔	将笔的颜色设为	将选定的颜色作为画笔的颜色
画笔	将笔的粗细设为 1	设定画笔的大小粗细

续表

程序类型	程序积木	说明
侦测	按下 空格 ▾ 键?	如果按键盘上的特殊键，就会传回【真】值，而此处的特殊键包括数字键 0~9、字母键 A~Z、上 / 下 / 左 / 右键、空格键
声音	停止所有声音	停止播放所有声音
运动	面向 鼠标指针 ▾	可设定面向鼠标指针或角色

声音文件的添加与修改

了解程序积木所代表的意义后，首先选择“红”角色，先在【声音】标签中上传背景音乐，如图 11-10~ 图 11-12 所示。

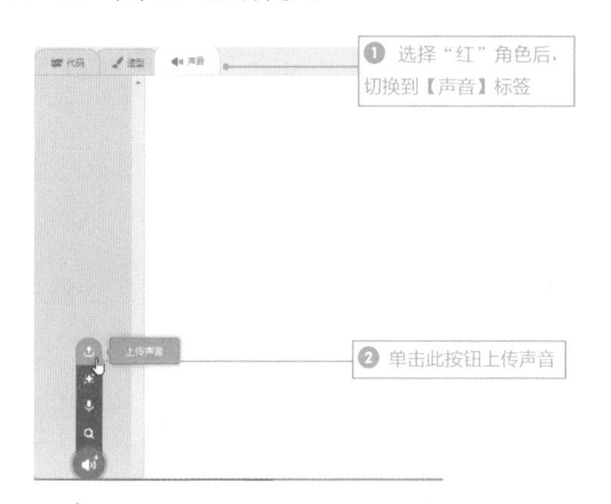

图 11-10　在【声音】标签中上传声音

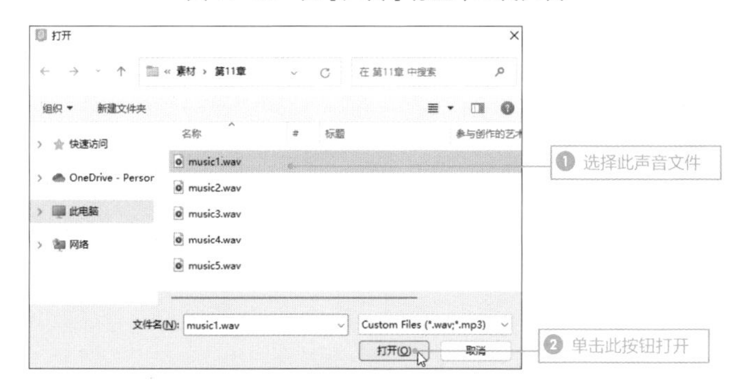

图 11-11　选择需上传的声音文件

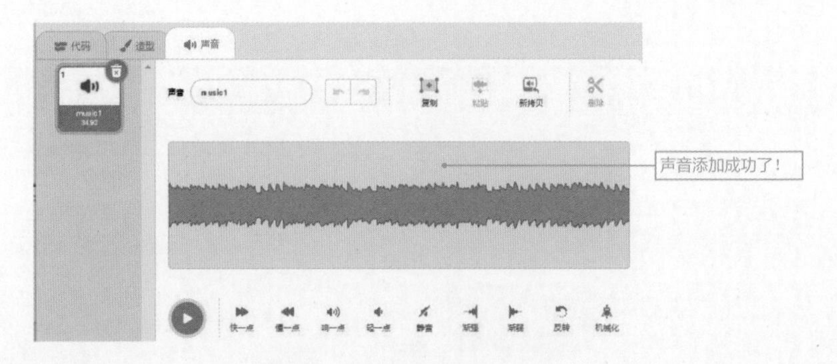

图 11-12　声音文件添加完毕

搭建程序积木

音乐确认后，接着在脚本区中依次添加以下的程序积木，如图 11-13、图 11-14 所示。

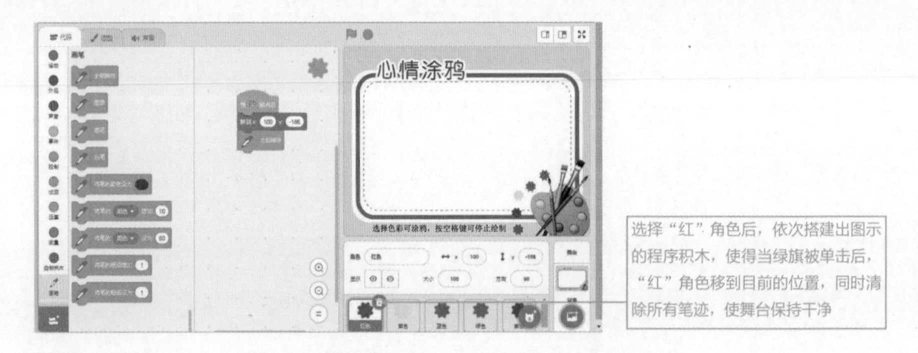

图 11-13　给“红”角色添加程序积木（1）

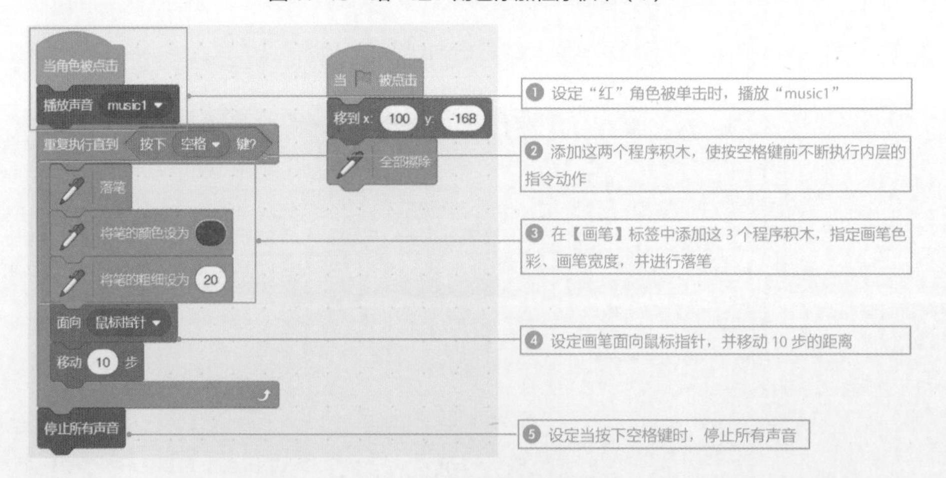

图 11-14　给“红”角色添加程序积木（2）

“红”角色设定完成后，请单击绿旗观看效果，如图 11-15 所示。

心情涂鸦
① 单击绿旗
④ 按空格键就停止涂鸦及音乐
③ 可以开始自由地涂鸦
② 单击红色色块，可以播放音乐
选择色彩可涂鸦，按空格键可停

图 11-15 单击绿旗效果图

由于笔迹宽度设为【20】，因此画出来的线条粗细一样，如果想让画出的线条粗细有变化，可在数值字段中加入【运算】类型的【在 __ 和 __ 之间取随机数】程序积木，如图 11-16 所示。

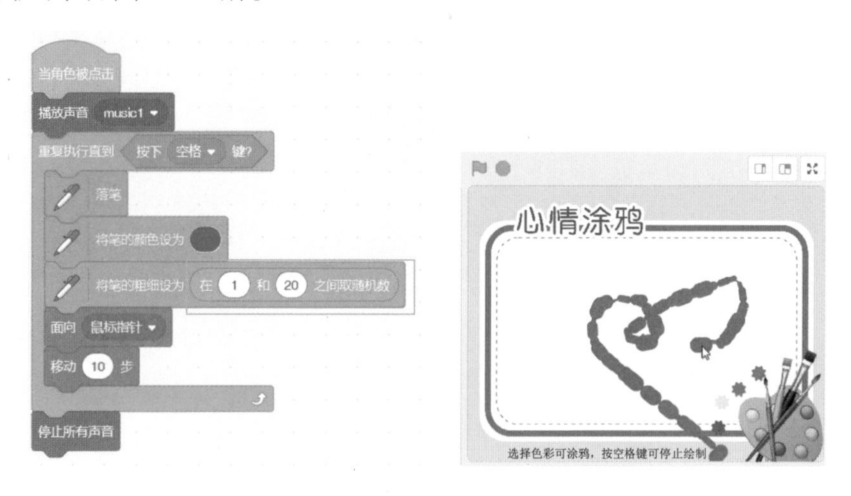

图 11-16 给“红”角色添加程序积木及运行效果图

11.3.3 复制程序积木到其他画笔

确定“红”角色可以正常运作后，将刚刚搭建好的程序积木拖曳到其他的角色当中，以便复制程序积木和修改参数。

除了要变更角色的位置、画笔的颜色外，还要针对每个色彩进行音乐的变更。各色彩所选用的音乐文件如表 11-2 所示。

表 11-2　不同的色彩与其对应的音乐

颜色	对应的音效库声音文件
紫色	music2.wav
黄色	music3.wav
绿色	music4.wav
蓝色	music5.wav

以下列出各颜色的程序积木供读者参考。

“紫”的程序积木如图 11-17 所示。

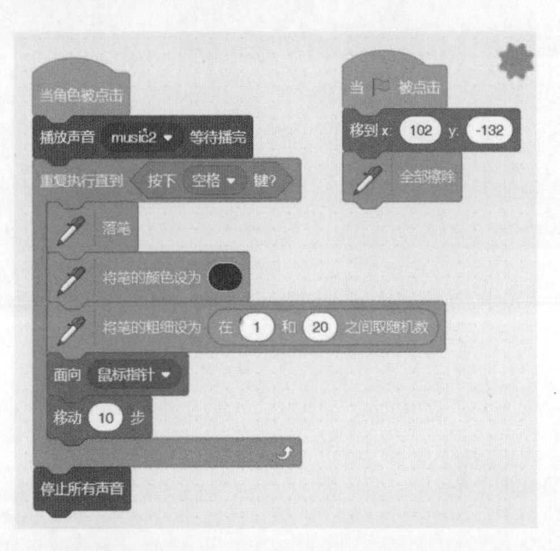

图 11-17　给“紫”角色添加程序积木

“黄”的程序积木如图 11-18 所示。

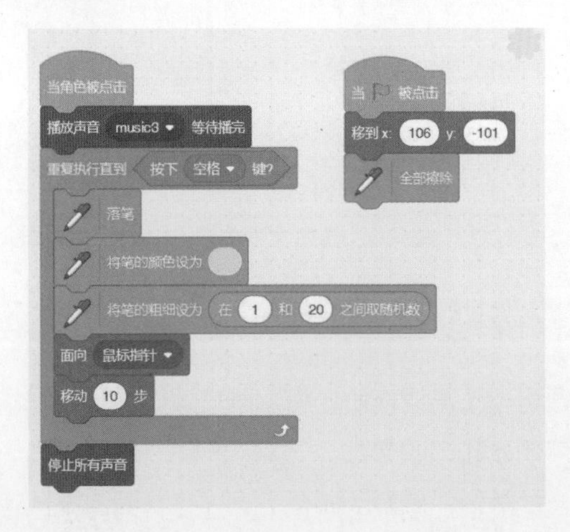

图 11-18　给“黄”角色添加程序积木

“绿”的程序积木如图 11-19 所示。

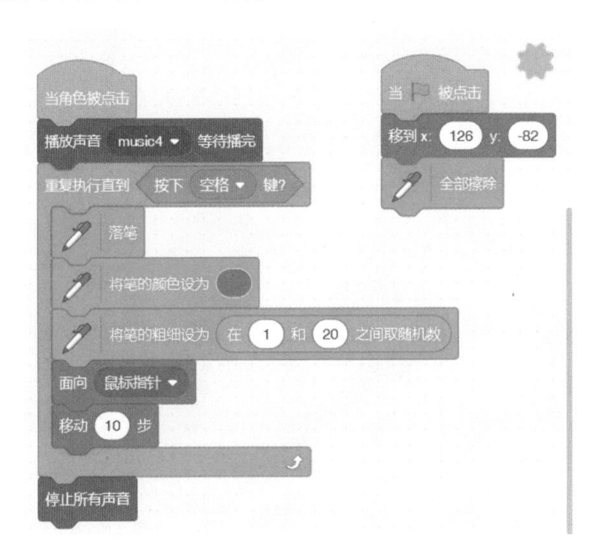

图 11-19 给“绿”角色添加程序积木

“蓝”的程序积木如图 11-20 所示。

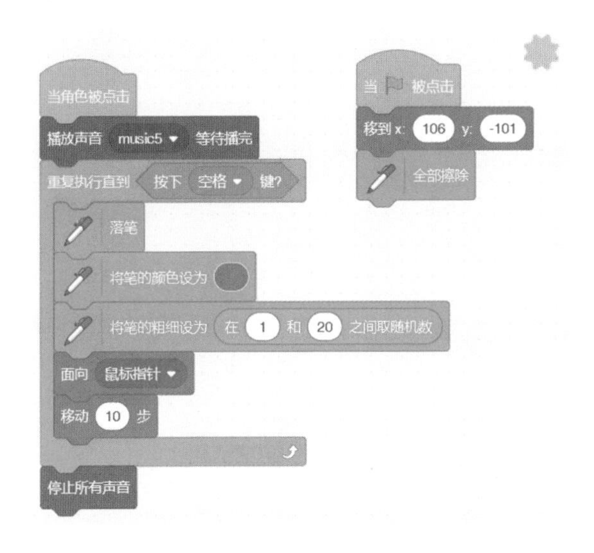

图 11-20 给“蓝”角色添加程序积木

完成如上动作后，涂鸦板的设计就大功告成了。现在检查所有的颜色是否显示无误，如图 11-21 所示。

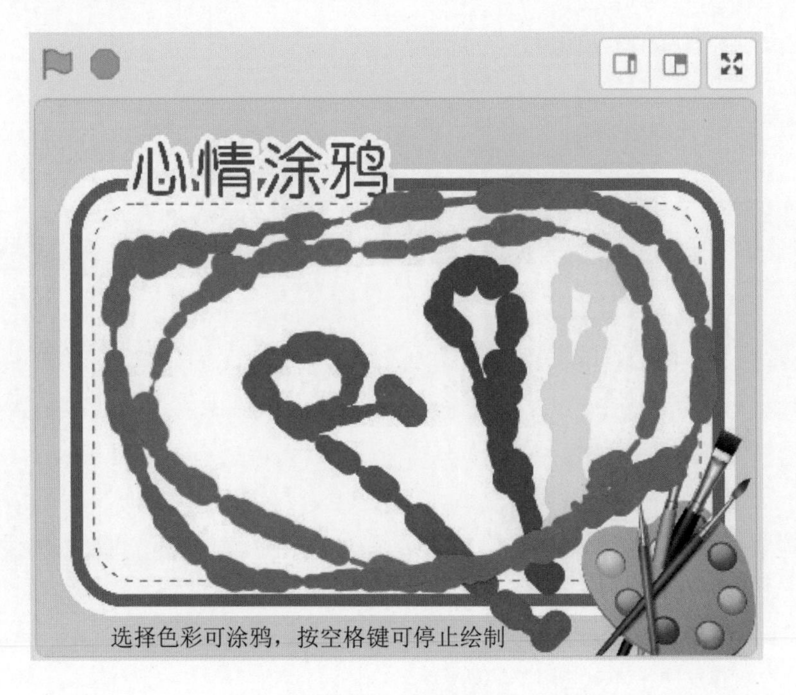

图 11-21　运行效果图

第12章

打造音乐演奏盛宴

章节导引	学习目标
12.1 脚本规划与说明	了解本章脚本的规划
12.2 上传背景与角色	学会上传方法
12.3 乐器角色的设定	学会乐器角色的设定
12.4 琴键角色的设定	学会琴键角色的设定
12.5 用数字键弹奏乐器	学会用数字键弹奏乐器

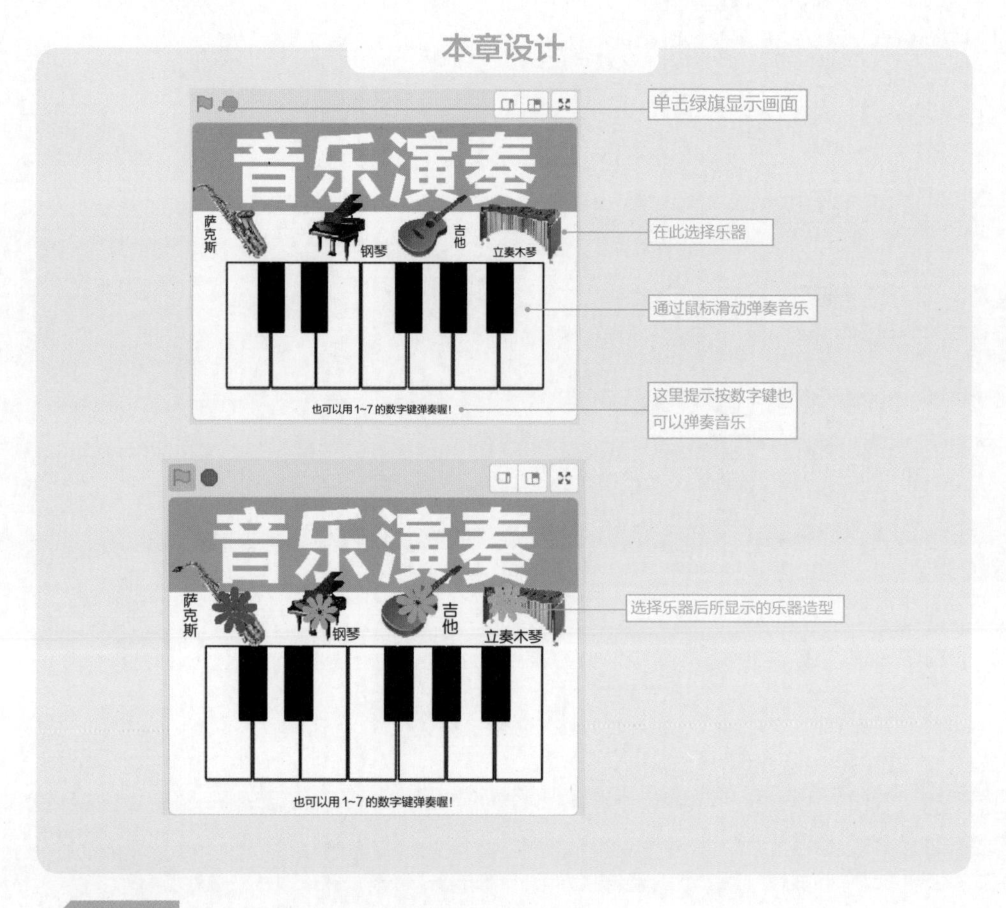

12.1 脚本规划与说明

这个范例主要学习声音程序积木的运用技巧，包括乐器的设定以及弹奏音调的高低与节拍数。此外还可以通过数字键来弹奏指定的乐器或音调，让用户可以很轻松快乐地弹奏自己的音乐。

在脚本的规划上，用户可以使用图片来选择乐器。当选择某一乐器后，除乐器变换造型外，Scratch 程序也会广播该乐器，当白色的琴键接收到乐器名称后，就切换到该乐器，再让鼠标指针滑过的琴键播放出指定的音调。数字键的设定在舞台上进行。

在 Scratch 3 中，与乐器相关的程序积木并非在默认的【声音】标签中，必须通过单击【添加扩展】按钮来添加相应的功能，如图 12-1~ 图 12-3 所示。

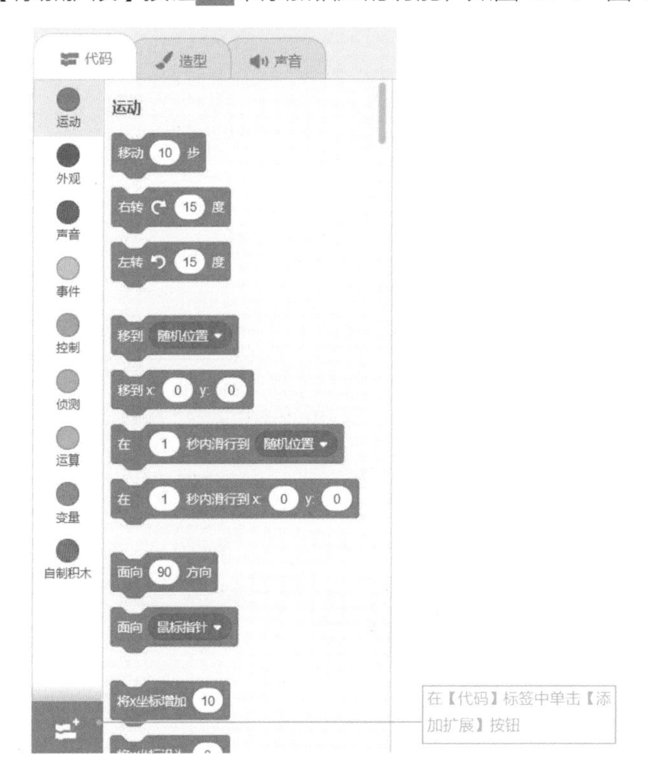

图 12-1　单击【添加扩展】按钮

图 12-2　单击【音乐】

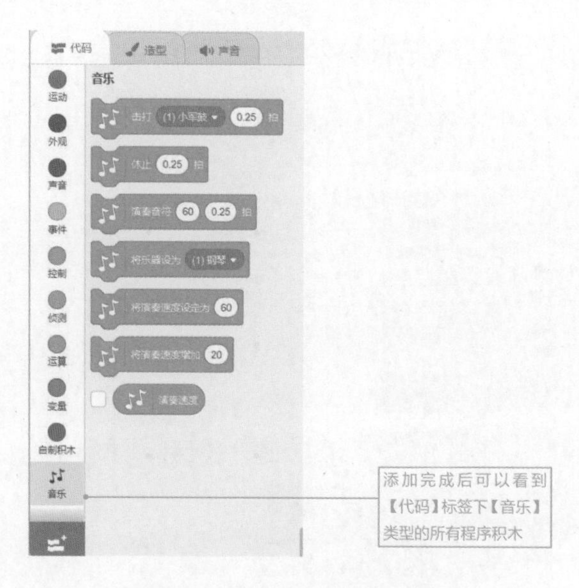

图 12-3 【音乐】类型添加完毕

12.2 上传背景与角色

首先将所需要的舞台背景与角色准备好，以便角色进行程序搭建，如图 12-4~ 图 12-6 所示。

12.2.1 上传舞台背景

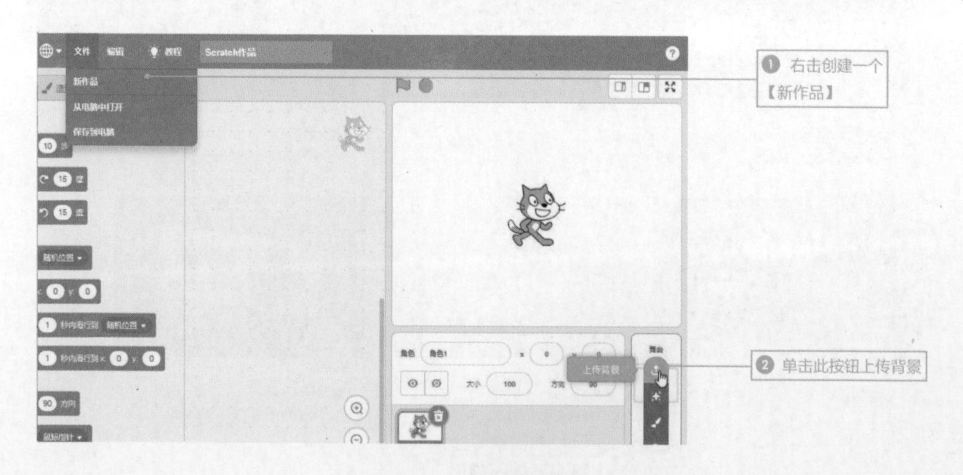

图 12-4 上传舞台背景

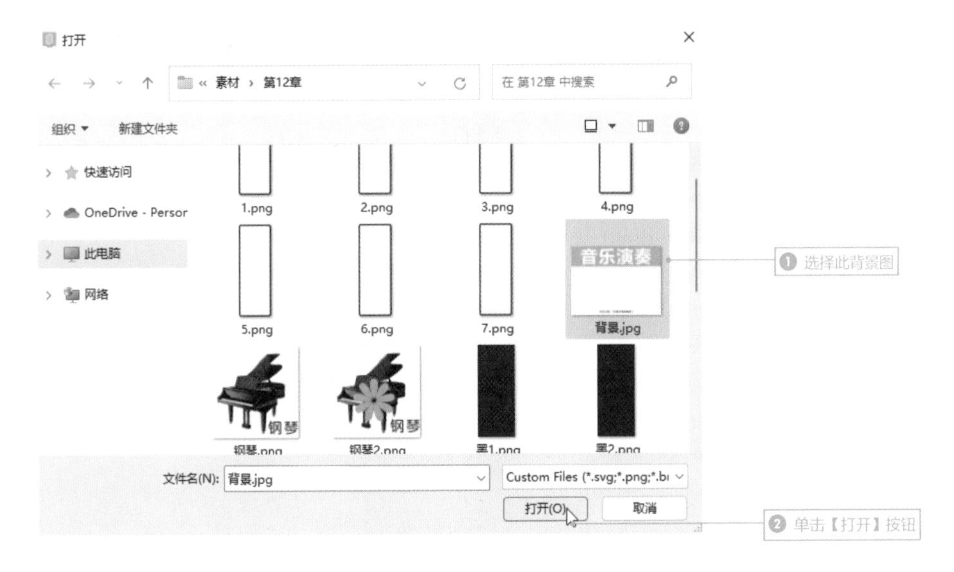

图 12-5　选择舞台背景

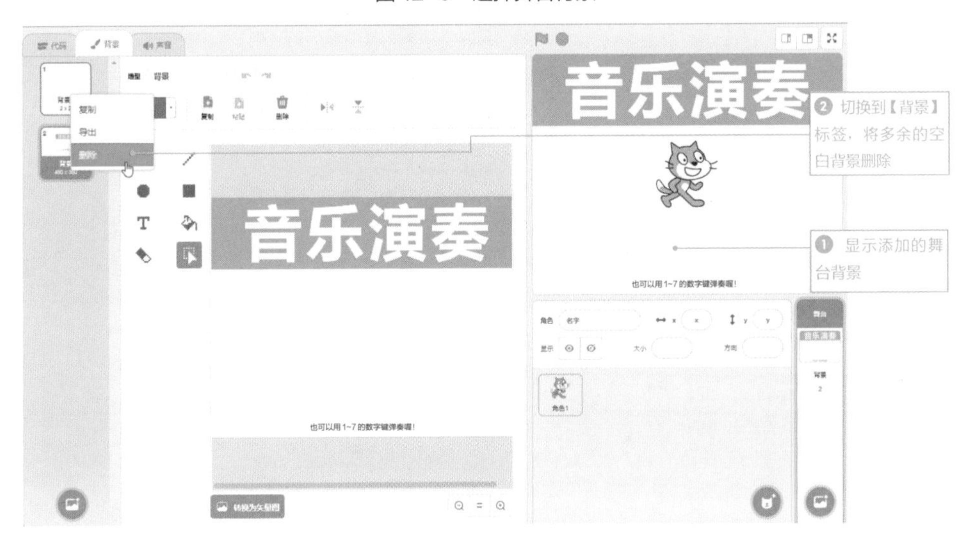

图 12-6　显示舞台背景

12.2.2 上传角色造型

背景图确定后，将琴键、乐器的角色 / 造型上传到舞台上待用。

上传黑白琴键

此处以黑白琴键为例，角色与造型的上传方式如图 12-7~ 图 12-9 所示。

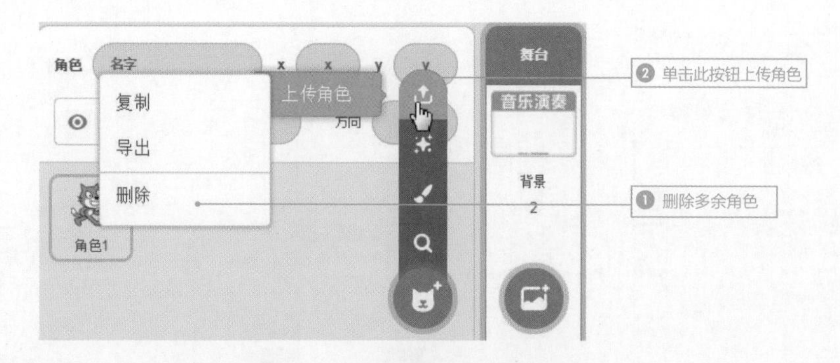

图 12-7　删除多余角色并上传新角色

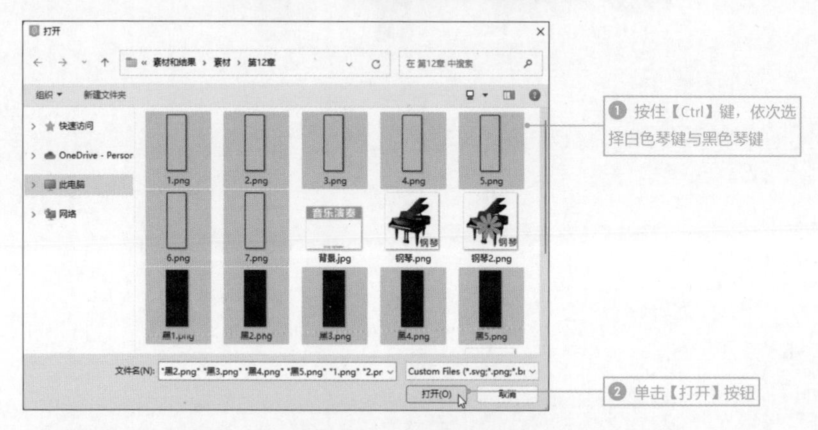

图 12-8　选择上传的角色

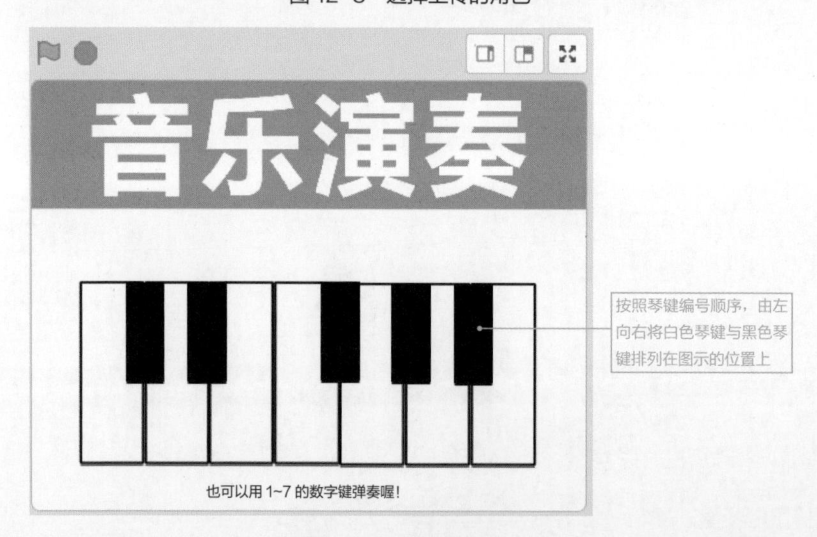

图 12-9　角色排列效果图

在排列角色时，可以使用角色区中的 x 坐标与 y 坐标来进行位置的调整，这样就可以对得整整齐齐的。

上传乐器与其造型

当绿旗被单击后，用户选择某一乐器，就会切换到包含小花与乐器名称的造型，所以在此除了在角色区新增乐器角色外，还必须在【造型】标签添加乐器的另一个造型。此处以萨克斯为例，角色与造型的上传方式如图 12-10~ 图 12-14 所示。

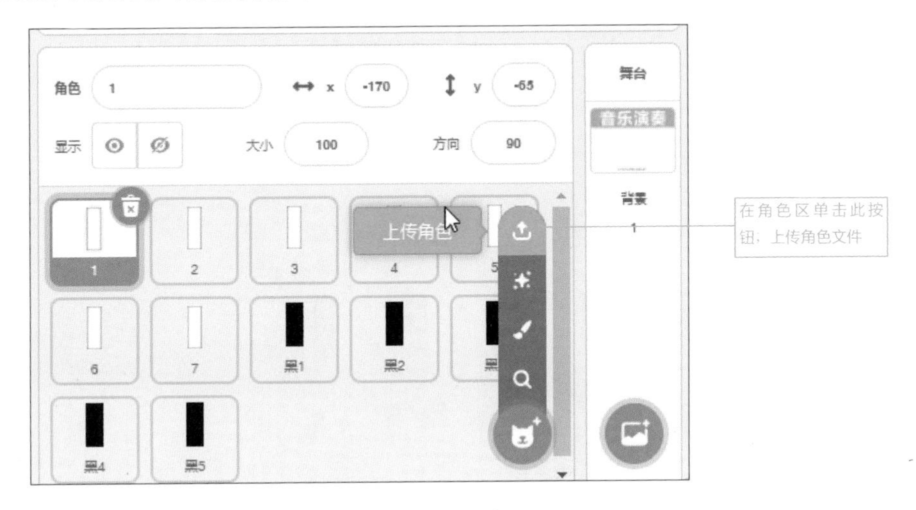

图 12-10　单击【上传角色】按钮

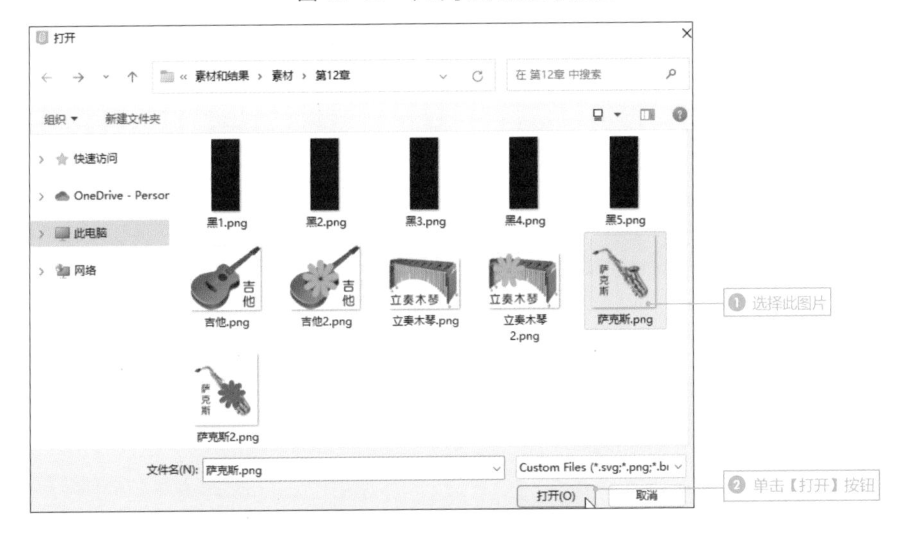

图 12-11　选择“萨克斯”图片

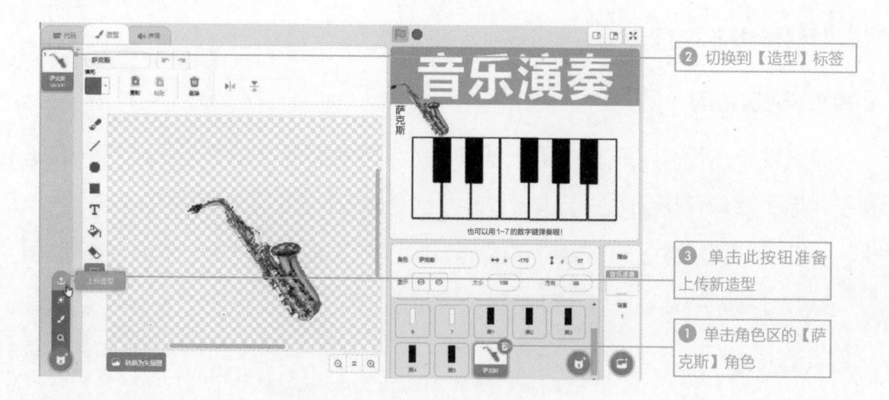

图 12-12　上传"萨克斯"造型

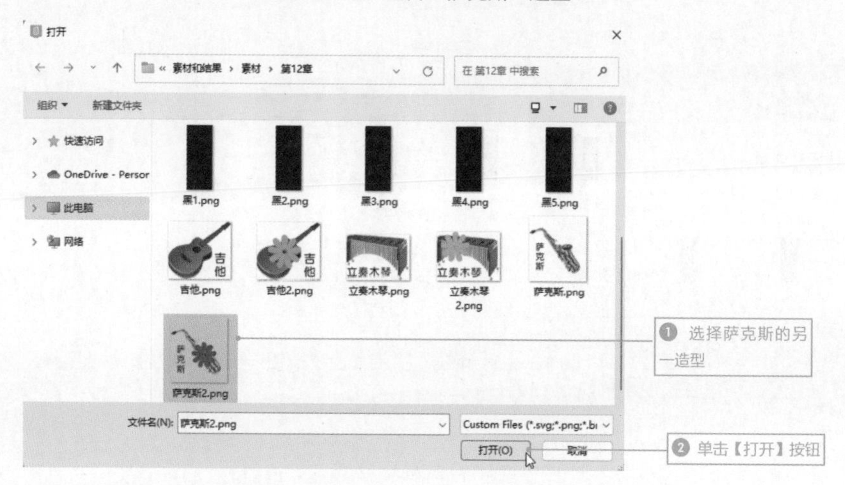

图 12-13　选择"萨克斯"造型图片

图 12-14　调整萨克斯造型

接下来以相同方式，完成钢琴、吉他、立奏木琴等乐器的造型上传，画面显示如图 12-15 所示。

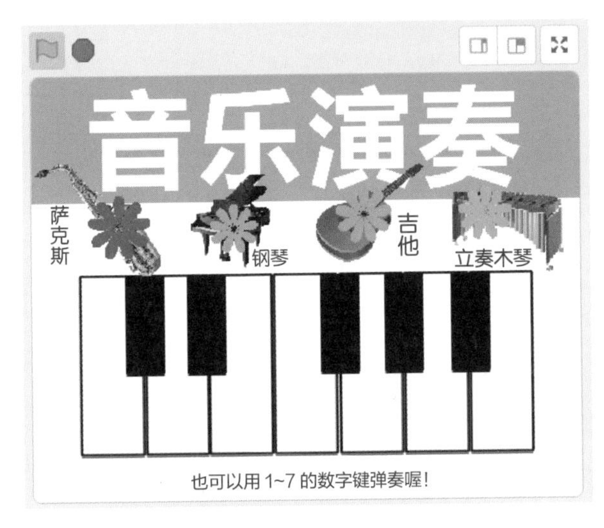

图 12-15 乐器排列效果图

12.3 乐器角色的设定

当所有角色都设定完成后，进行各个乐器的程序积木搭建。

12.3.1 设定单击绿旗程序积木

当绿旗被单击时，希望萨克斯能够自动放置在我们所设定的预备位置，同时造型显示为没有花朵与名称的图片，如图 12-16 所示。

图 12-16 给"萨克斯"添加程序积木

· 12.3.2 设定单击角色程序积木

当“萨克斯”角色被单击时，就通过程序广播【萨克斯】，同时将角色的造型变换成包含小花与乐器名称的造型。继续前面步骤给“萨克斯”角色设定如下程序积木，如图 12-17~ 图 12-19 所示。

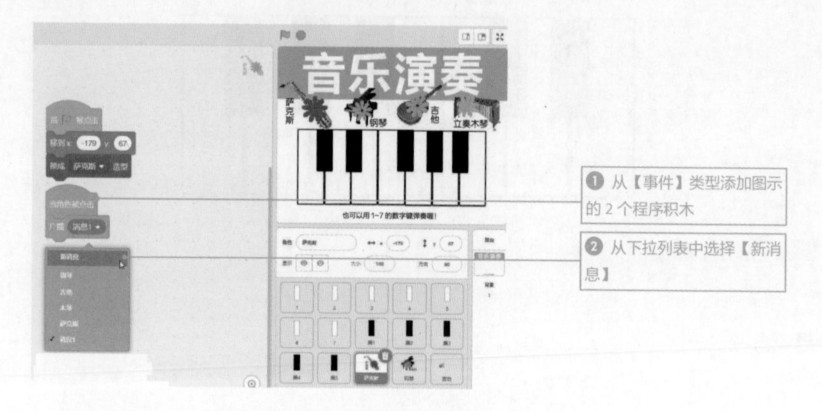

图 12-17　从【事件】类型添加程序积木

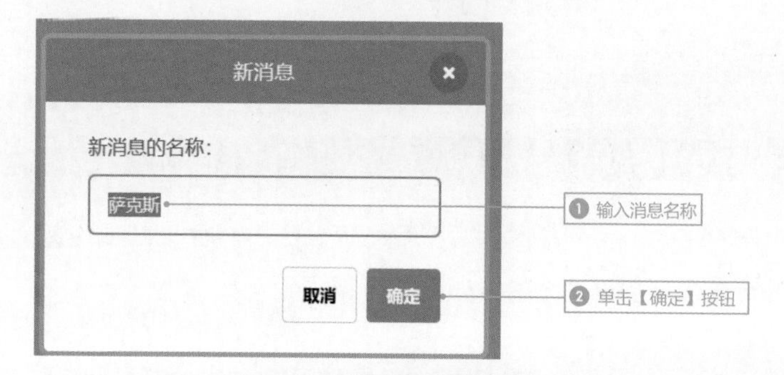

图 12-18　输入消息名称

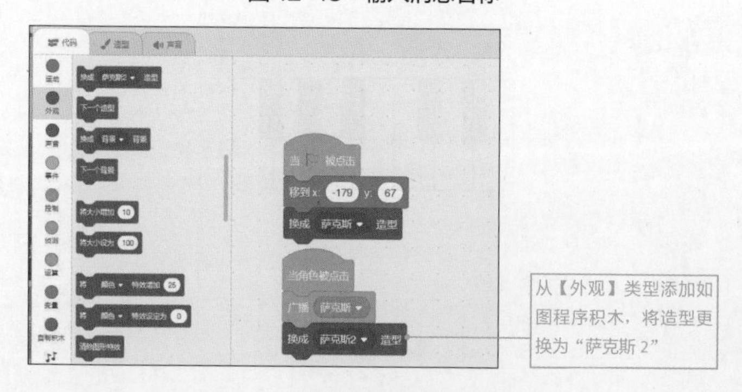

图 12-19　将造型更换为“萨克斯 2”

完成如上设定后，单击绿旗测试一下效果是否正确，如图 12-20、图 12-21 所示。

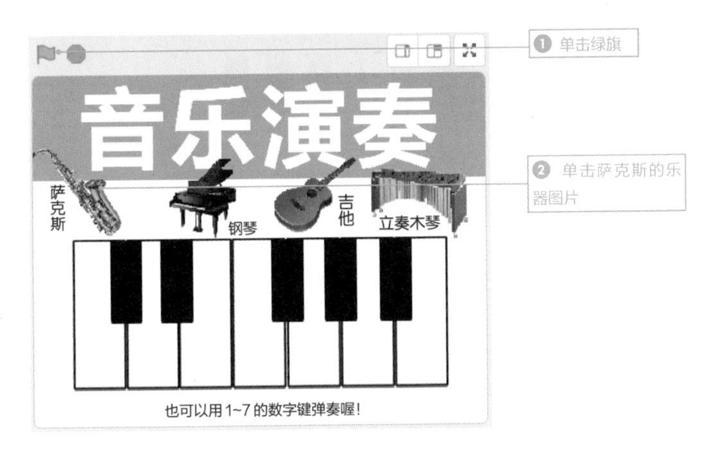

图 12-20 运行程序积木

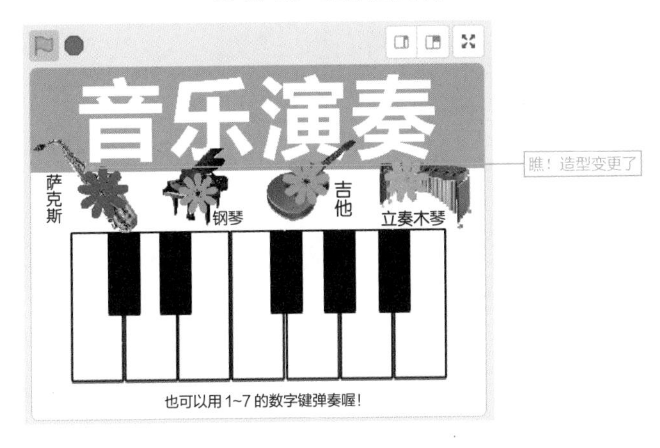

图 12-21 运行效果图

12.3.3 复制与修改程序积木

确定刚刚设定的萨克斯乐器图案没有问题后，通过拖曳的方式将搭建的程序积木复制到其他的乐器上，然后再修改程序积木的相关属性，如图 12-22~ 图 12-24 所示。

图 12-22　拖曳“萨克斯”的程序积木到“钢琴”

图 12-23　修改“钢琴”角色的程序积木参数

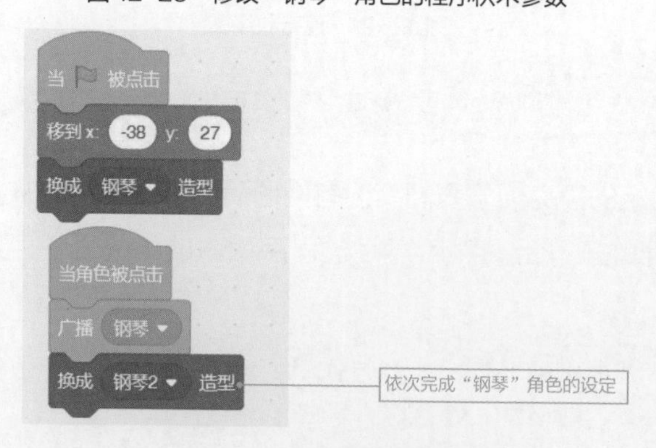

图 12-24　“钢琴”的程序积木

按照上述方式，依次完成吉他与立奏木琴的设定，其程序积木的搭建如图 12-25、图 12-26 所示。

图 12-25　“吉他”的程序积木　　图 12-26　“立奏木琴”的程序积木

12.4 琴键角色的设定

在白色琴键部分，首先设定当它接收特定乐器时，通过【音乐】类型来指定乐器；另外当鼠标指针碰到琴键时，指定它弹奏的音调及节拍。在此各位将会运用到如表 12-1 所示的 2 个程序积木。

表 12-1　“琴键”角色需要的程序类型、程序积木及其说明

程序类型	程序积木	说明
音乐	将乐器设为 (1) 钢琴	设定乐器的种类。目前共有 21 个选项可以选用，按照数字编号分别为：(1) 钢琴、(2) 电钢琴、(3) 风琴、(4) 吉他、(5) 电吉他、(6) 贝斯、(7) 拨弦、(8) 大提琴、(9) 长号、(10) 单簧管、(11) 萨克斯管、(12) 长笛、(13) 木长笛、(14) 巴松管、(15) 唱诗班、(16) 颤音琴、(17) 八音盒、(18) 钢鼓、(19) 马林巴琴、(20) 合成主音、(21) 合成柔音
音乐	演奏音符 60 0.25 拍	设定弹奏音调的高低。可以设定 Do、Re、Mi、Fa、So、La、Si 等共 8 种高低音，而后方字段可设定节拍。

范例中，笔者设定了 7 个琴键，此处先以第一个琴键做说明。

12.4.1 设定乐器信息的接收

要让琴键可以弹出萨克斯、钢琴、吉他、立奏木琴等不同乐器发出的声音，需要琴键先接收到消息，它才可以做转换，如图 12-27、图 12-28 所示。

图 12-27　白键“1”的程序积木（1）

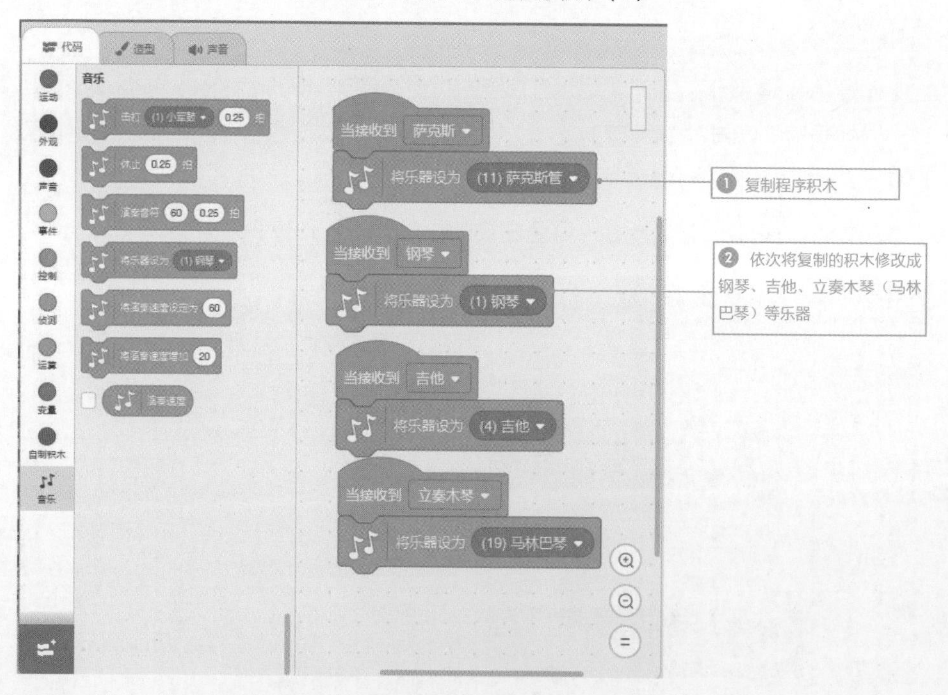

图 12-28　白键“1”的程序积木（2）

12.4.2 设定鼠标指针移到琴键程序积木

当绿旗被单击后，琴键自动移到预定的位置，如果鼠标指针移到白色琴键，就弹奏出指定的音调与节拍。依此设定，我们将搭建出如下的程序积木，如图 12-29~图 12-31 所示。

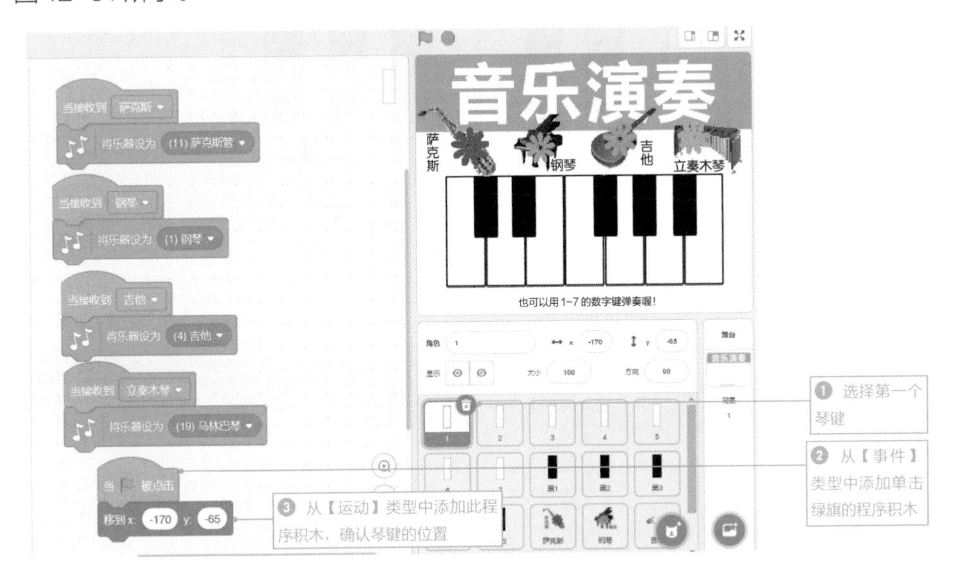

图 12-29　给白键“1”继续添加程序积木（1）

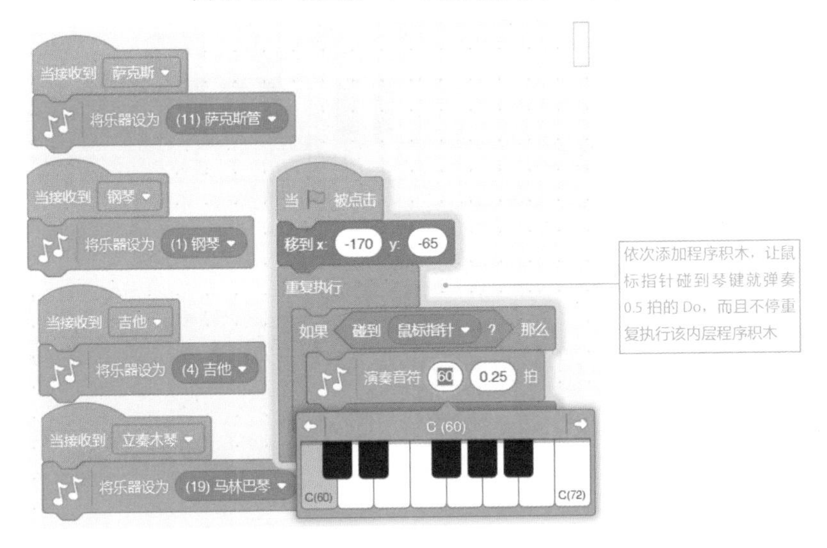

图 12-30　给白键“1”继续添加程序积木（2）

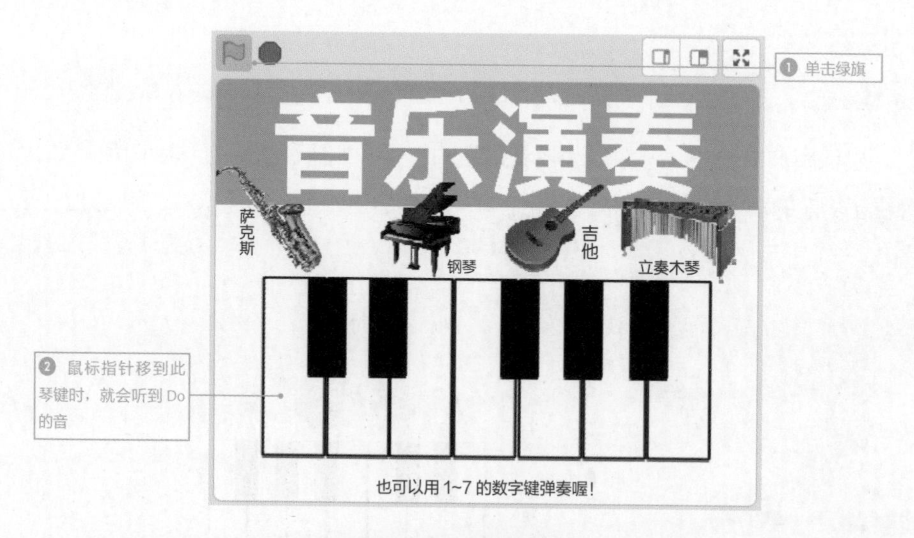

图 12-31 弹奏效果图

12.4.3 复制程序积木到其他琴键

确认第一个琴键的设定没有问题后，依次将刚刚设定好的程序积木拖曳到其他的琴键上，然后修改新琴键的坐标位置与弹奏的音，这样就可以快速完成所有琴键的设定，如图 12-32、图 12-33 所示。

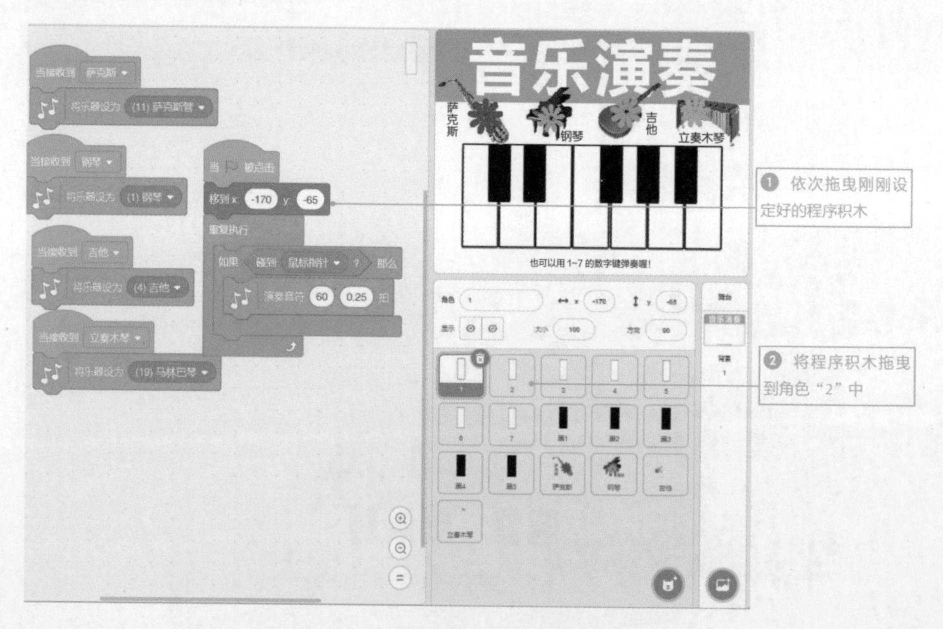

图 12-32 拖曳白键“1”的程序积木到“2”

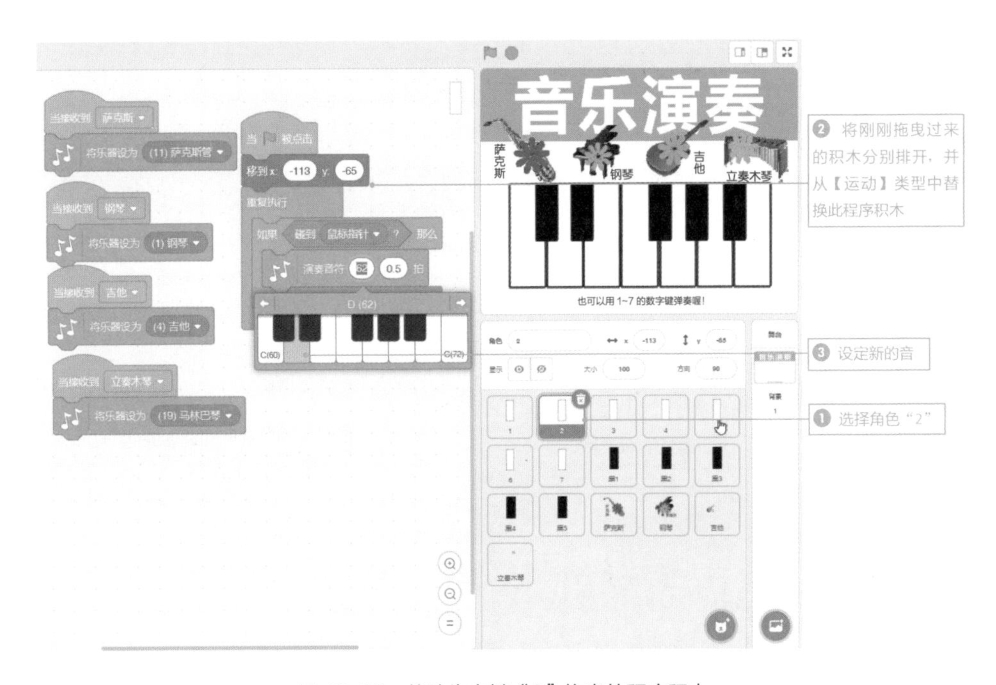

图 12-33　修改为白键“2”拖曳的程序积木

依次完成“3”“4”“5”“6”“7”等白色琴键的积木搭建，其积木内容如图 12-34~ 图 12-38 所示。

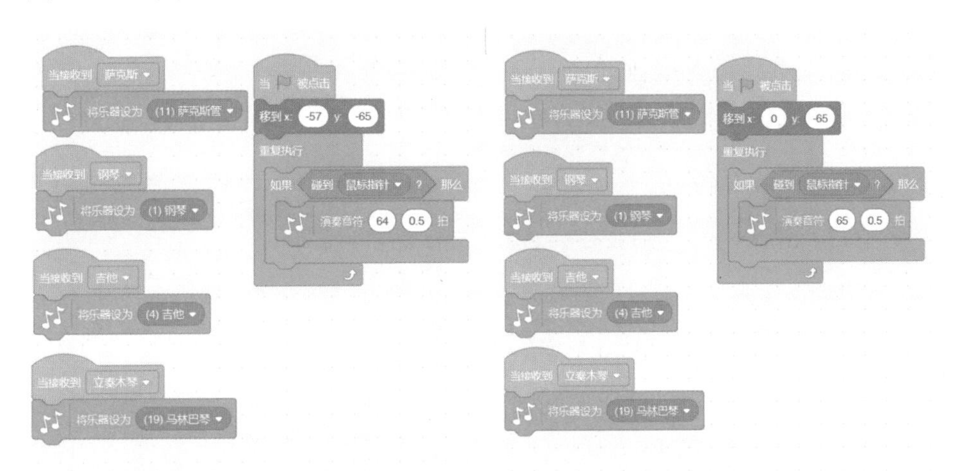

图 12-34　白键“3”的程序积木图

图 12-35　白键“4”的程序积木图

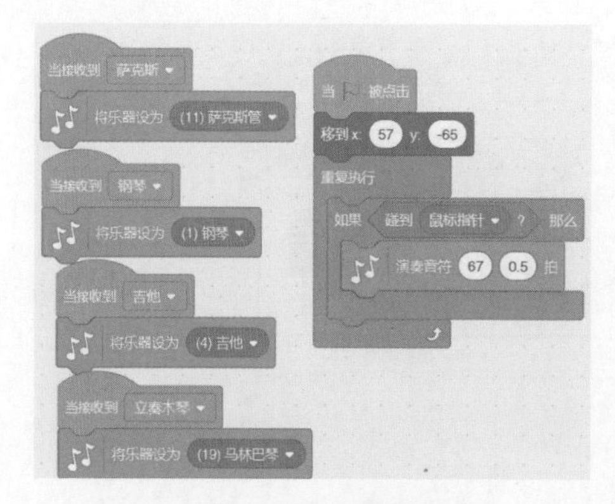

图 12-36 白键“5”的程序积木图

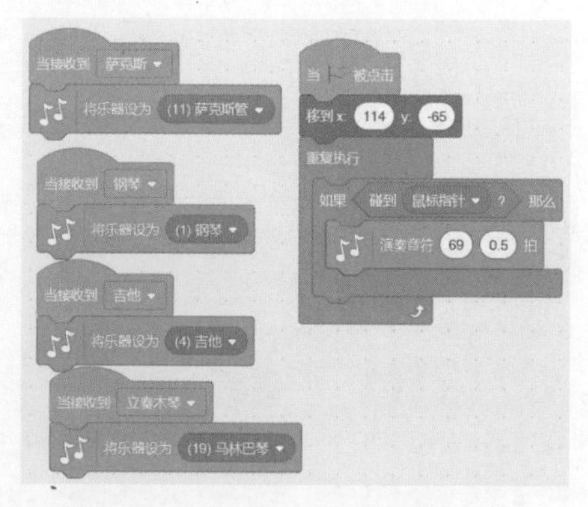

图 12-37 白键“6”的程序积木图

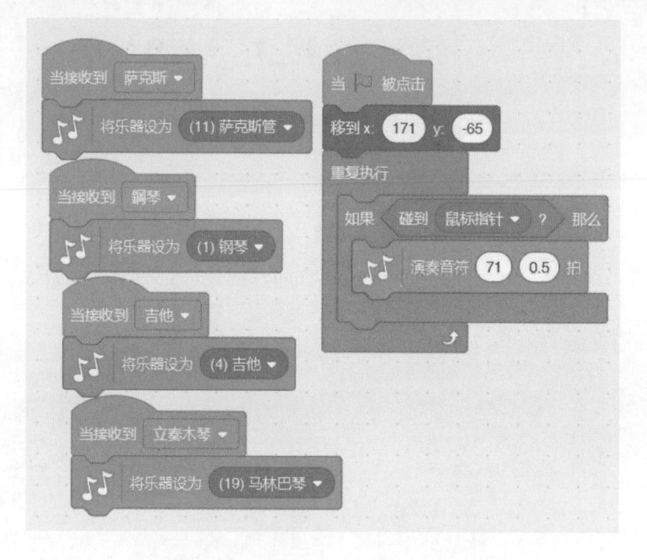

图 12-38 白键“7”的程序积木图

12.5 用数字键弹奏乐器

12.4 节已经顺利完成鼠标指针移到白色按键的设定，接下来则需要设定用数字键来弹奏音乐。此部分将在舞台上进行，同样地，当舞台接收到萨克斯、钢琴、吉他、立奏木琴等乐器的消息时，就必须将乐器设定到指定的乐器上，因此可以将白色按键中的程序积木直接拖曳并复制到舞台上，如图 12-39、图 12-40 所示。

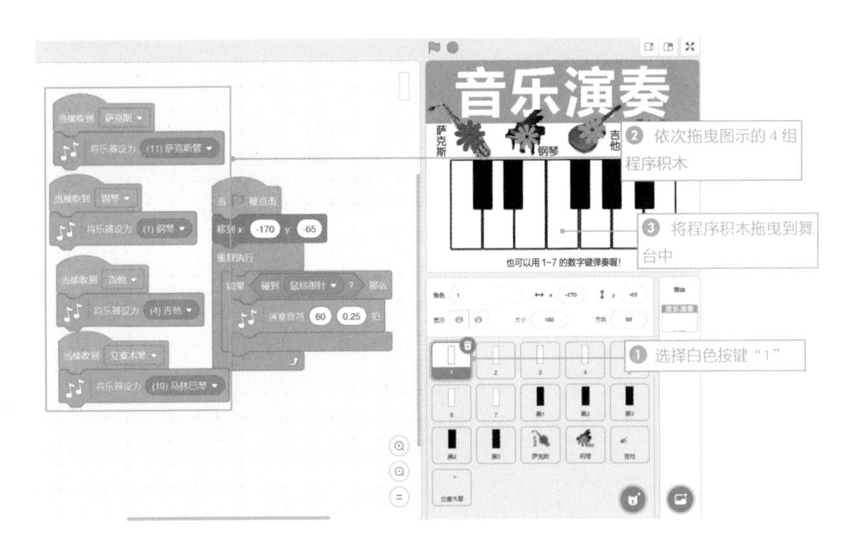

图 12-39 将程序积木拖曳到舞台中

图 12-40 舞台背景的程序积木

接下来要利用【事件】类型中的【当按下＿键】的程序积木。此积木除了可以设定为空格键、上/下/左/右键外，还可以设定为字母键 A~Z，以及 0~9 的数字键。空格键的用法在第 8 章曾经介绍过，本章则运用 1~7 的数字键，让用户单击数字键时，分别弹奏出指定的音。根据上面的步骤继续进行设定，如图 12-41、图 12-42 所示。

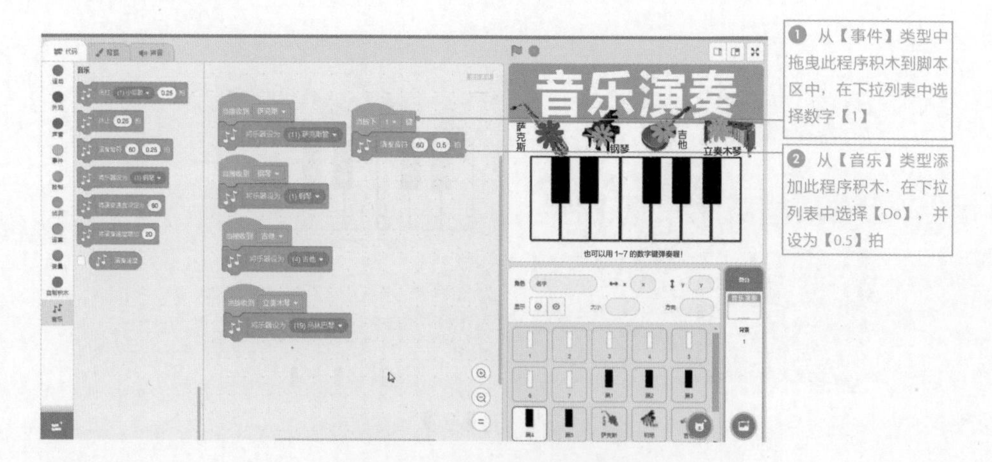

图 12-41　舞台背景的程序积木

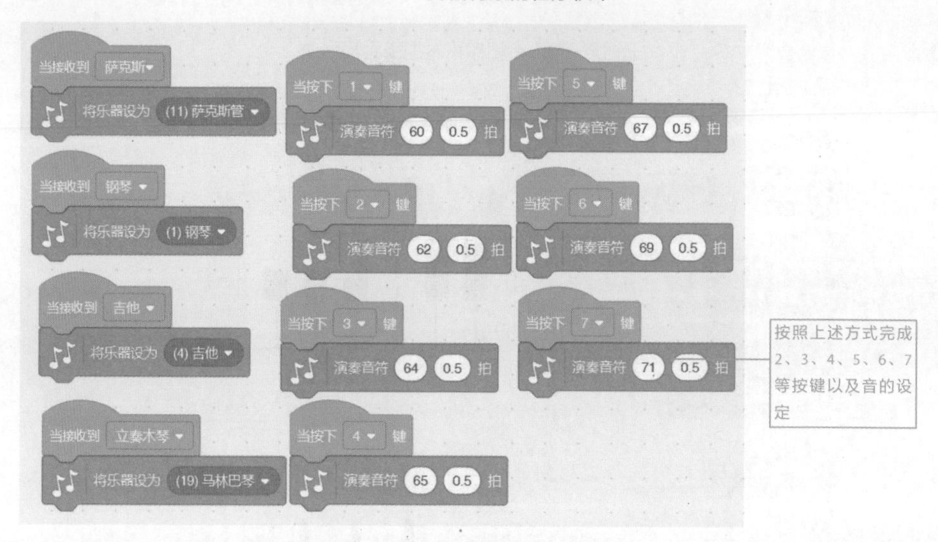

图 12-42　舞台背景的其他程序积木

完成上述的程序积木设定后，将输入法切换到英文模式，就可以按数字键来弹奏音乐，也可以自由地切换乐器。

第13章

一棵神奇的果树

章节导引	学习目标
13.1 脚本规划与说明	了解本章脚本的规划
13.2 设置背景与角色	学会上传方法
13.3 设定以左右键移动果篮	学会设定左右键
13.4 设定背景控制日夜转换	学会设定财神爷移动方式
13.5 设定大树、太阳、月亮的日夜转换	学会设定金币移动方式
13.6 设定水果的转换和掉落	学会给宝宝接收金币换造型
13.7 模拟晚上天空中的星星闪烁效果	学会设定星星落下的效果

本章设计

13.1 脚本规划与说明

这个范例讲述的是一棵神奇的果树的故事。郊外风光秀丽，景色怡人，最吸引人的还是山水农庄旁边生长着的一棵神奇的果树。白天艳阳高照的时候，这棵果树会不断掉落苹果；而晚上月明星稀的时候，这棵果树会不断掉落香蕉。你说神奇不神奇?

通过使用键盘上的左键和右键移动下方的竹篮，可以接住掉落下来的苹果和香蕉，同时发出接触的碰撞声。白天和晚上可以听到大自然的不同声音，如果仔细观察还能发现夜晚的星星在眨眼睛！这么有趣的故事，赶紧来试一试吧。

范例中所使用到的程序积木在前面章节已介绍过，读者可趁此机会培养个人的创造力与逻辑思考能力，当遇到问题时，想办法利用已学过的程序积木来解决。唯有不断思考、努力创新、独立解决问题，才能够让自己的能力提升更快，才能适应瞬息万变的未来时代。

13.2 设置背景与角色

首先设置好所需要的舞台背景与角色。

13.2.1 上传舞台背景

从素材库上传范例中的舞台背景，部分角色来源于素材，另一部分角色来源于Scratch 3 自带角色库，如图 13-1~ 图 13-3 所示。

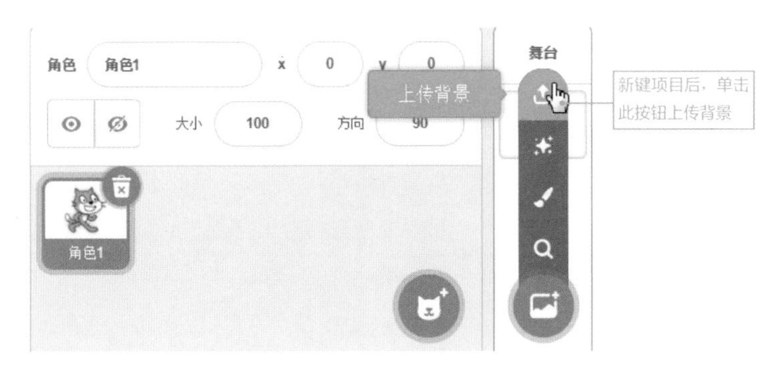

图 13-1　上传背景

图 13-2　选择背景图

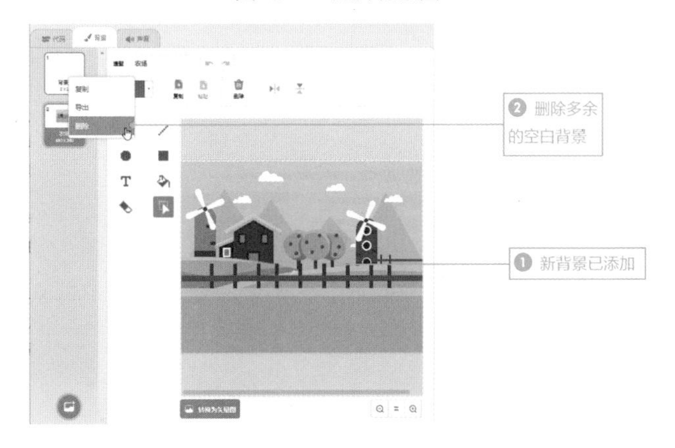

图 13-3　删除多余背景

13.2.2 设置角色与造型

首先删除多余的小猫角色，并从 Scratch 角色库中添加已有的 Star 角色，如图 13-4、图 13-5 所示。

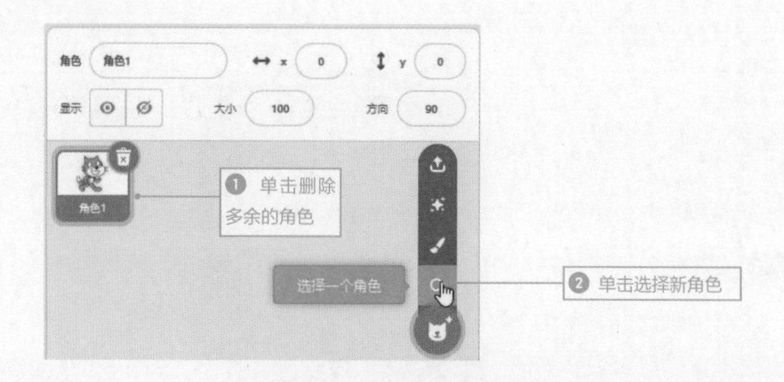

图 13-4　删除多余角色

图 13-5　从角色库中添加“Star”角色

然后绘制两个新角色，分别命名为“水果”和“太阳月亮”，并编辑这两个角色的造型，如图 13-6~ 图 13-10 所示。

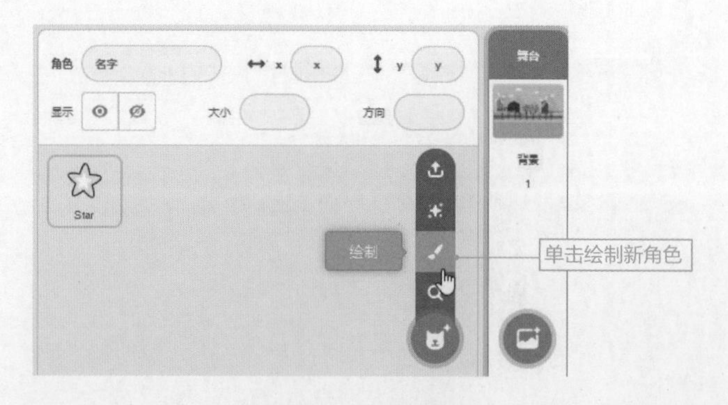

图 13-6　绘制新角色

图 13-7　给新角色命名

图 13-8　给“水果”角色添加造型（1）

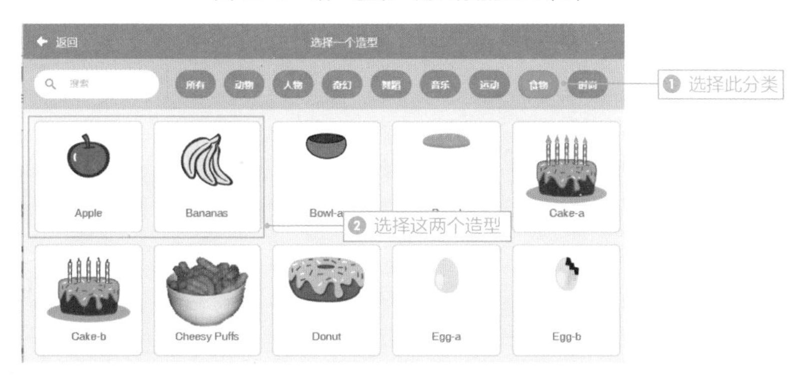

图 13-9　给“水果”角色添加造型（2）

图 13-10　给“太阳月亮”角色添加造型

最后上传“大树”和“果篮”角色，如图 13-11~ 图 13-13 所示。

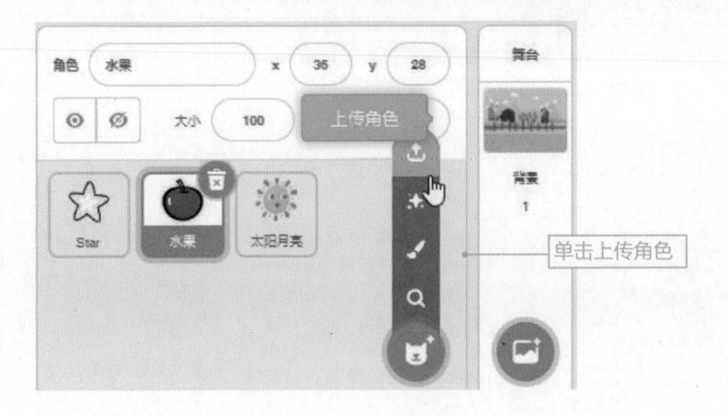

图 13-11　上传“大树”“果篮”角色（1）

图 13-12　上传“大树”“果篮”角色（2）

至此，背景与角色的选择及上传已经完成。

图 13-13　完整的角色列表

· 13.2.3 为舞台与角色添加声音

选中舞台，从 Scratch 3 自带声音库中为背景选择"Xylo3""Garden"声音，如图 13-14~ 图 13-17 所示。

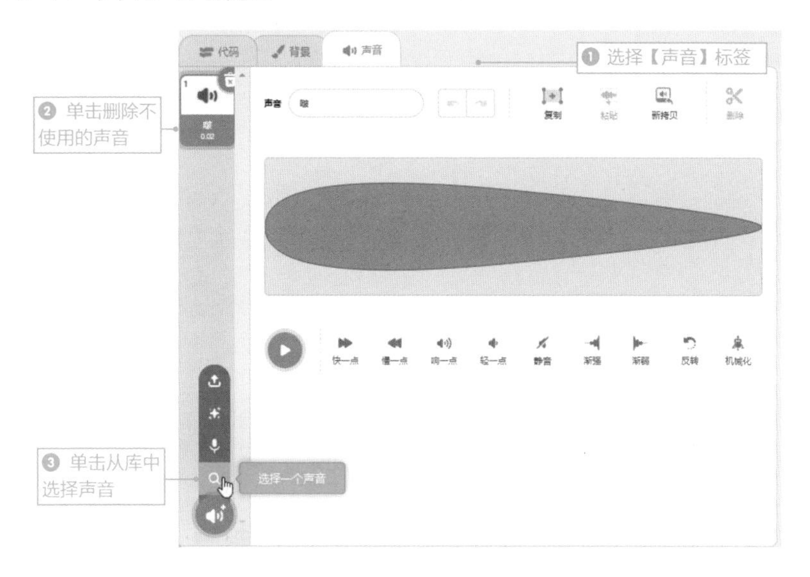

图 13-14　给背景选择声音（1）

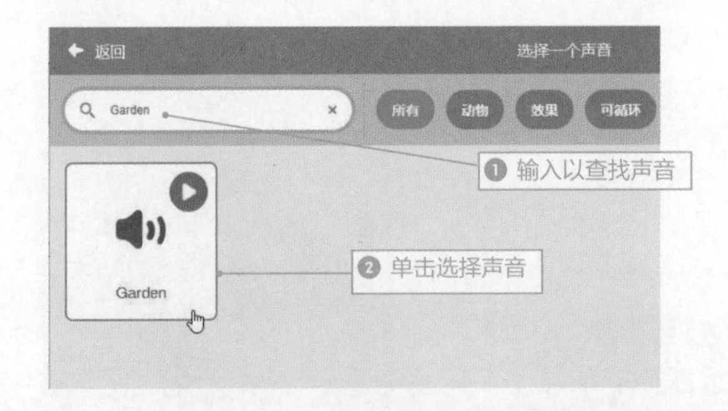

图 13-15　给背景选择声音（2）

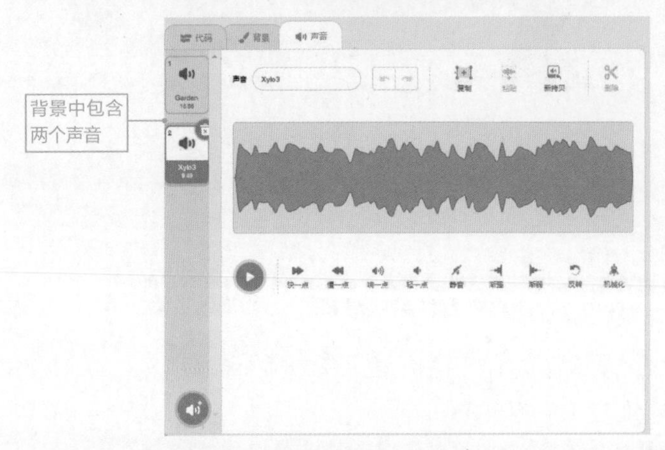

图 13-16　给背景选择声音（3）

选中“水果”角色，从 Scratch 自带声音库中选择“Big Boing”声音。参考背景选择声音的方法，选好后的结果如图 13-17 所示。

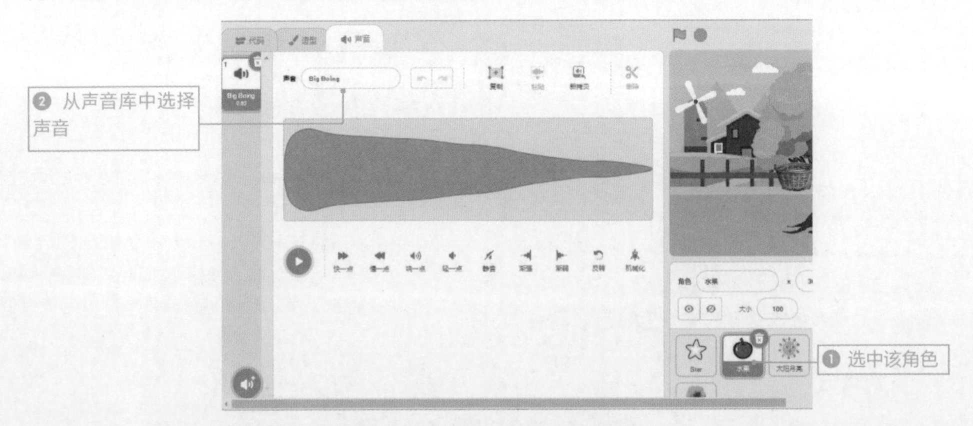

图 13-17　给“Star”选择声音

至此，所有的角色设置已经完成，下面给背景和各角色设计动作。

13.3 设定以左右键移动果篮

所有的角色与造型都设定完成后，设定【果篮】角色的动作。

绿旗被单击后，给果篮设计一个初始位置，按下右键，果篮将右移 3 步（通过将 x 坐标值增加 3 实现），按下左键，果篮将左移 3 步（通过将 x 坐标值减小 3 实现）。为了可以一直左右移动，还应加上重复执行指令。

由于一般用户可能不知道可利用左键或右键来控制角色的左右移动，因此在程序开始时，最好添加解说文字进行提示。

依据此设计，我们将进行如下几项的程序搭建。

- 事件：当绿旗被单击。
- 外观：说出【请使用左键 / 右键移动竹篮接水果！】__ 秒。
- 控制：重复执行、如果 __ 那么。
- 侦测：按下【__】键？
- 运动：将 x 坐标增加 __。

整体步骤如图 13-18 所示。

图 13-18　“果篮”的程序积木

完成如上动作后可以单击绿旗测试，看到如图 13-19 所示的效果。

图 13-19 “果篮”的程序积木播放效果图

把【x 坐标增加 __】的程序积木替换成【移动 __ 步】，其执行结果相同（但注意要添加【面向 90 方向】指令），如图 13-20 所示。

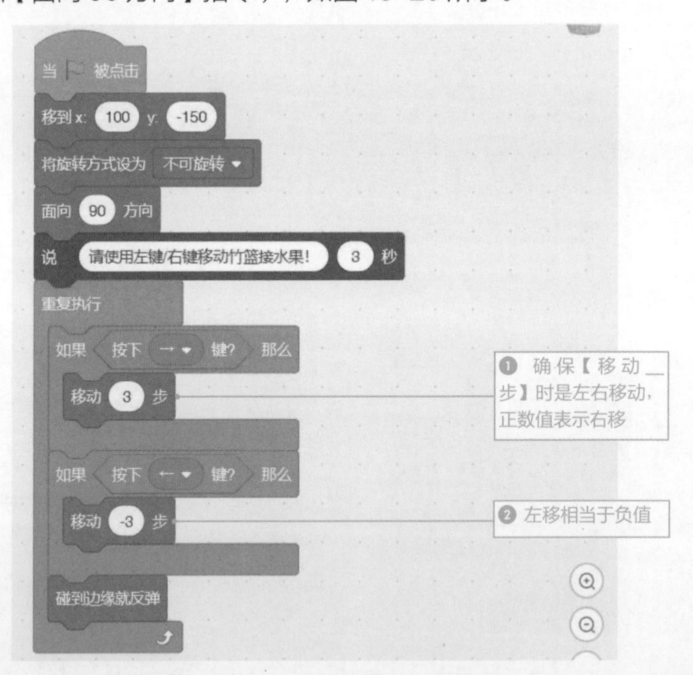

图 13-20 改变“果篮”的程序积木

13.4 设定背景控制日夜转换

背景通过广播消息控制白天和晚上的转换，每隔 20 秒转换一次。切换到白天时，要清除图形特效，不断播放“Xylos3”声音；切换到晚上时，设置亮度特效，不断播放“Garden”声音。此时白天和晚上具有不同的背景音乐就设置好了。

由于声音不断播放，在进行白天、晚上的切换时，需要使用【停止该角色的其他脚本】，停止正在播放的声音。另外，单击绿旗开始时，要等待 3 秒的时间，这个时间长度恰好是果篮角色提示操作说明的时间。

停止该角色的其他脚本设置方式如图 13-21 所示。

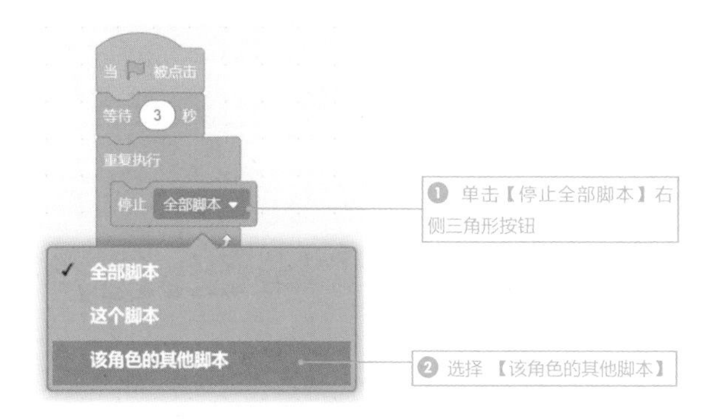

图 13-21 停止该角色的其他脚本设置方式

广播消息的添加方式如图 13-22 所示。

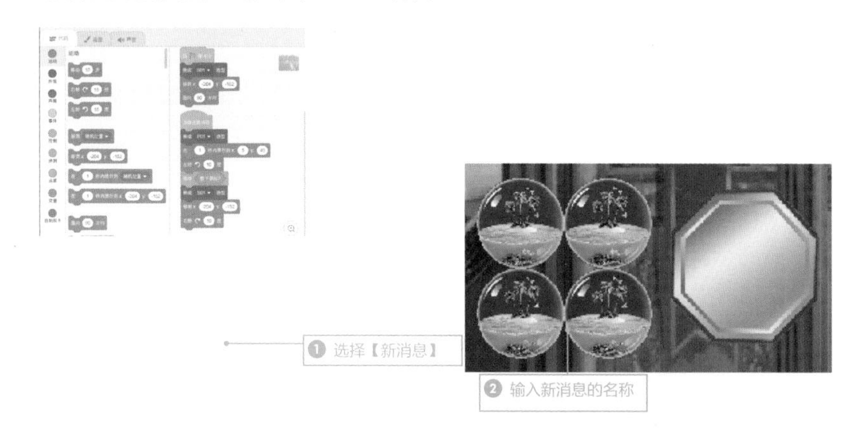

图 13-22 添加新的广播消息

“背景”的程序积木步骤如图 13-23 所示。

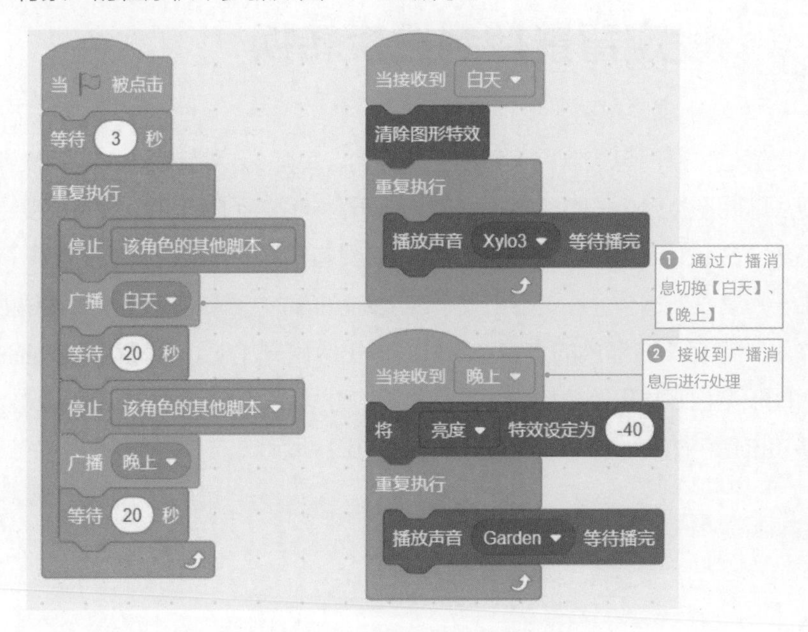

图 13-23 “背景”的程序积木

13.5 设定大树、太阳、月亮的日夜转换

“大树”角色在绿旗被单击后移到一个合适的位置。当接收到“白天”消息时清除图形特效，当接收到“晚上”消息时设置亮度特效，步骤如图 13-24 所示。

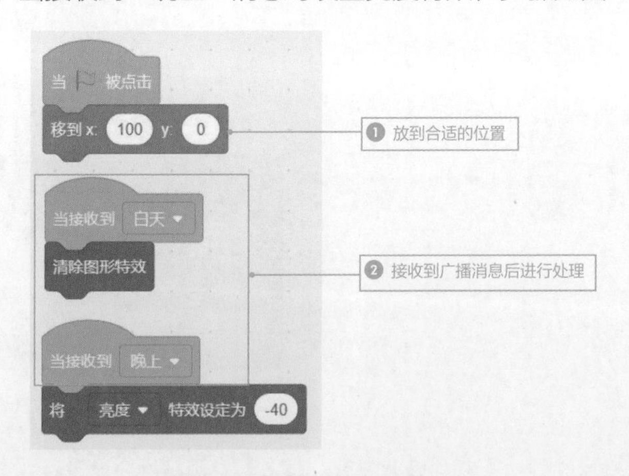

图 13-24 “大树”的程序积木

“太阳”“月亮”角色在绿旗被单击后移动到舞台左上角，并设置为“太阳”造型，表明从白天开始新的一天。当接收到“白天”消息时切换到“太阳”造型，当接收到“晚上”消息时切换到“月亮”造型，步骤如图 13-25 所示。

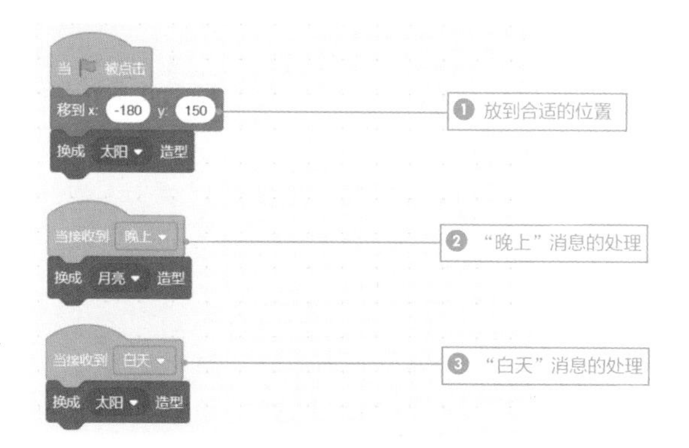

图 13-25　“太阳”“月亮”的程序积木

13.6 设定水果的转换和掉落

“水果”角色在绿旗被单击后，设置合适的大小。由于要模拟水果的掉落，因此水果应放置在所有角色图层的最上面一层，然后起来。

当接收到“白天”消息后，水果切换到“Apple”造型，当接收到“晚上”消息后，水果切换到“Banana”造型，并且都通过广播一条新消息“水果来了”来模拟水果掉落的效果。

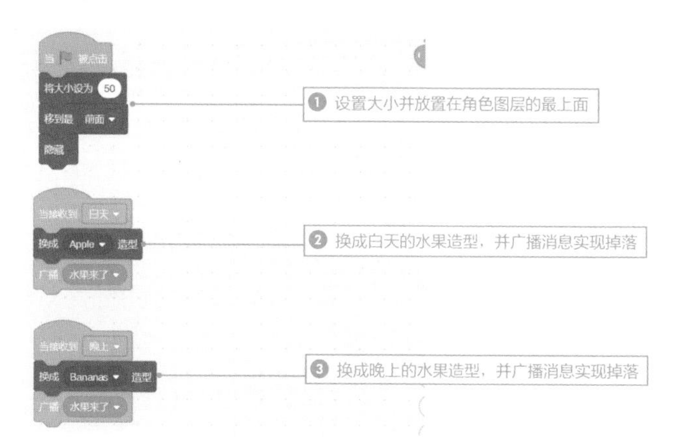

图 13-26　水果转换的程序积木

水果接收到“水果掉落”消息后，先要隐藏，在随机等待 1~2 秒后，再从大树上开始掉落下来。因此水果最开始出现的位置应该在树上，移动水果发现树叶覆盖的区域 x 坐标范围大约是 0~210，y 坐标的范围 0~110，水果要在这个区域内随机位置出现然后掉落。

水果以每次循环 2 步的速度往下落，下落过程中，如果碰到舞台边缘就再广播“水果来了”消息，重新产生一个新的水果下落；如果碰到果篮，也广播“水果来了”消息，重新产生一个新的水果下落，再播放水果碰到果篮的声音，整体步骤如图 13-27 所示。

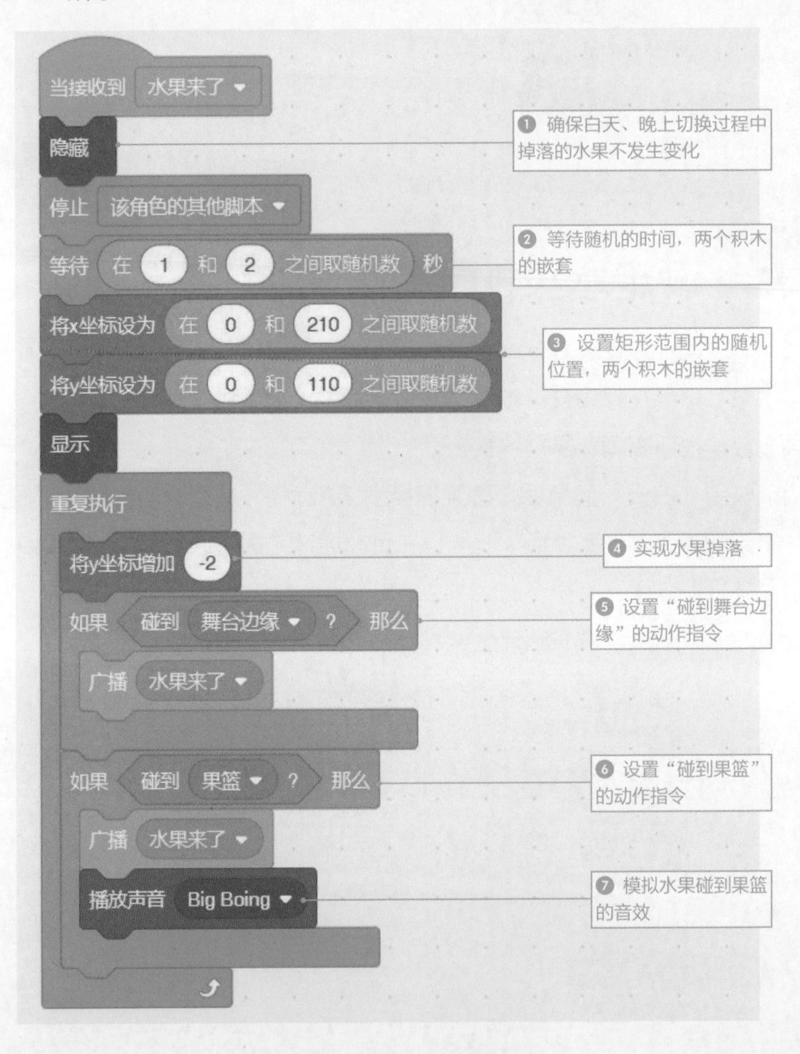

图 13-27　水果掉落的程序积木

13.7 模拟晚上天空中的星星闪烁效果

一个“Start”角色要实现多个星星出现在天空闪烁效果，就必须使用克隆体功能。

“Start”角色的本体出现在月亮旁边产生星星伴月效果，而其他“Start”克隆体随机分布在天空中（舞台接近上边缘的矩形区域），通过设置随机大小模拟不同远近的星星，通过颜色特效的变化模拟星星闪烁。

“Start”角色（包括本体和克隆体）在接收到“白天”消息时隐藏，接收到“晚上”消息时显示，效果如图 13-28 所示，整体步骤如图 13-29 所示。

图 13-28 星星闪烁效果图

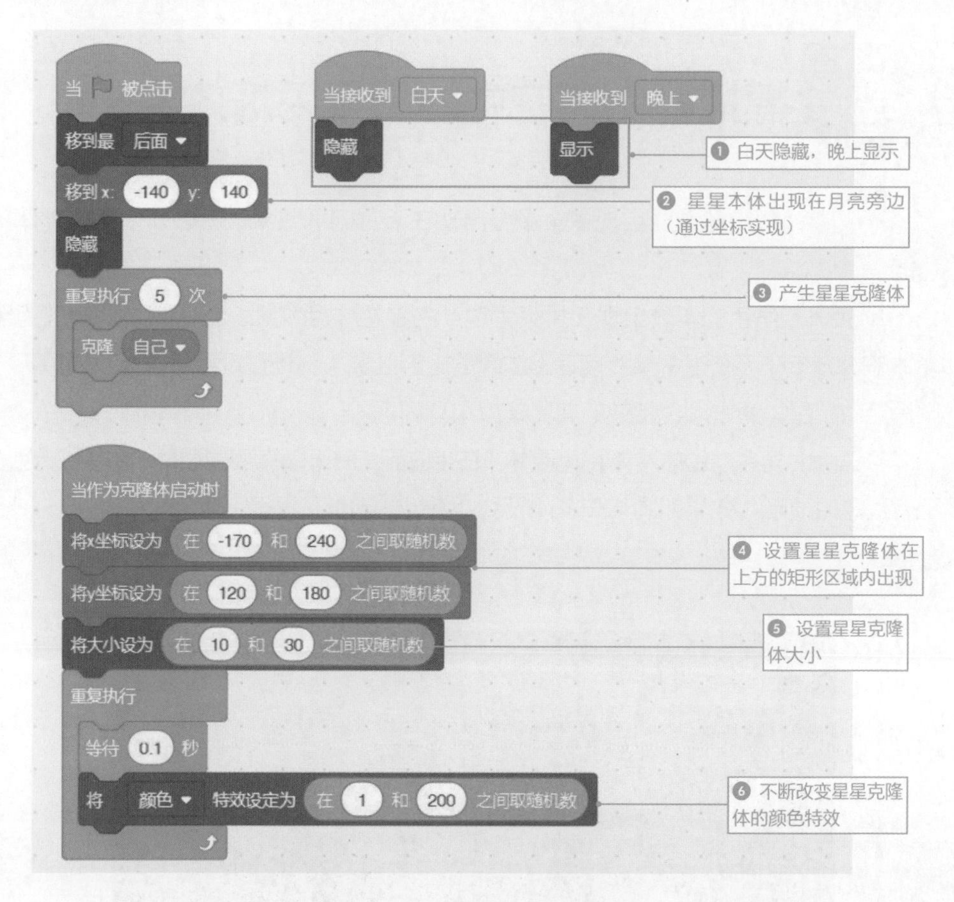

图 13-29 “Star”的程序积木

用户可以修改重复执行的次数（例如由5次修改为10次），增加克隆体的数量，让郊外农场的夜晚出现更多的、闪烁的星星！

此时，作品已经创作完成，快去见识一下这棵神奇的果树吧！

第 14 章

攻心秘技之实话实说

章节导引	学习目标
14.1 脚本规划与说明	了解本章脚本的规划
14.2 上传背景与角色	学会上传方法
14.3 设定跷跷板造型的替换	设定造型替换
14.4 提问与回答设置	学会提问和回答的设置
14.5 设定足球、篮球消息接收	学会消息接收的方法

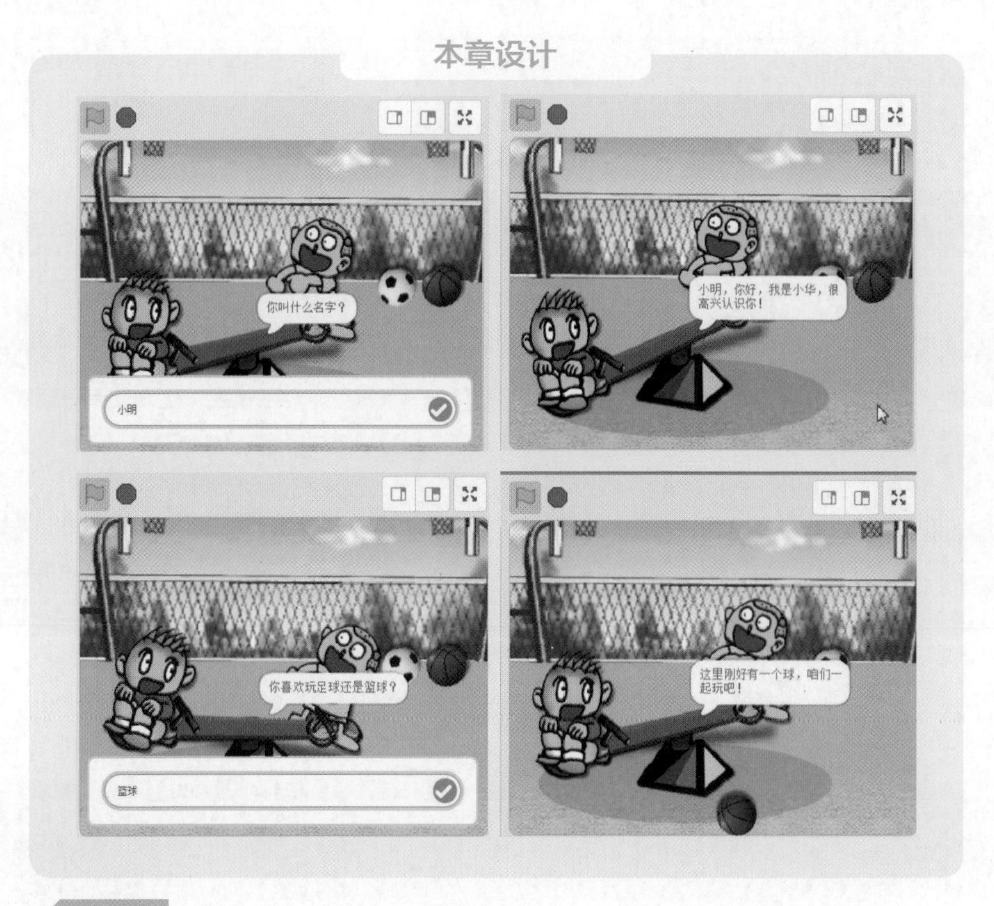

14.1 脚本规划与说明

Scratch 有一项很特别的功能，即可以进行双向交互式的问与答。也就是说，Scratch 可以侦测程序积木所提出的问题，等待用户输入答案后，再针对答案来做响应。

此范例是设定两个男童在球场上玩跷跷板，由于是第一次见面，因此右边的男童询问对方的名字。待对方输入名字后，右边的男童除了说出对方的名字外，还会做自我介绍，并跟对方打招呼。另外，在询问对方喜欢的运动时，也可以通过使用消息的广播或接收来响应结果，答非所问时也能够再次提问对方，直到有对应的答案出现为止。

此范例将会用到以下几个新的程序积木，如表 14-1 所示。

表 14-1 范例中需要的程序类型、程序积木及其说明

程序类型	程序积木	说明
侦测	询问 你叫什么名字? 并等待	在舞台上提出问题，用户从键盘上输入数据后，再将输入的数据储存在【回答】中
侦测	回答	程序提出问题后，用户从键盘上输入的数据
运算	连接 苹果 和 香蕉	合并第一个字符串和第二个字符串
运算	或	如果第一个条件或第二个条件成立的话，就传回【真】
控制	停止 全部脚本	停止所有程序

14.2 上传背景与角色

对脚本有所了解后，进行舞台背景与角色造型的上传。

14.2.1 上传舞台背景

新建项目后上传背景，如图 14-1~ 图 14-3 所示。

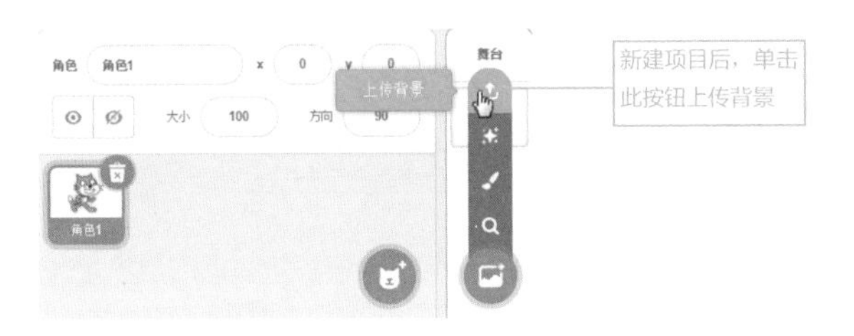

图 14-1 单击【上传背景】按钮

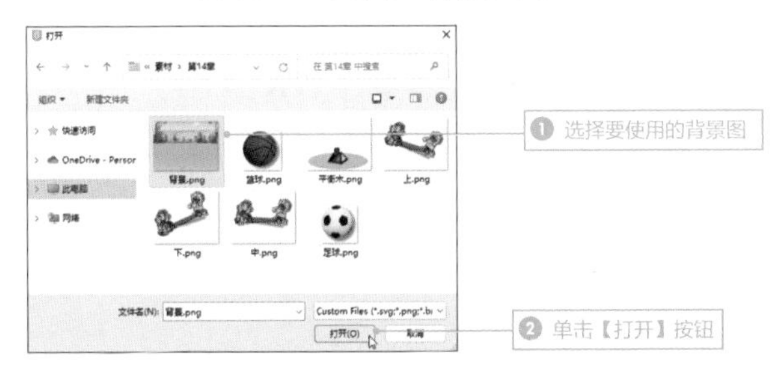

图 14-2 选择背景图

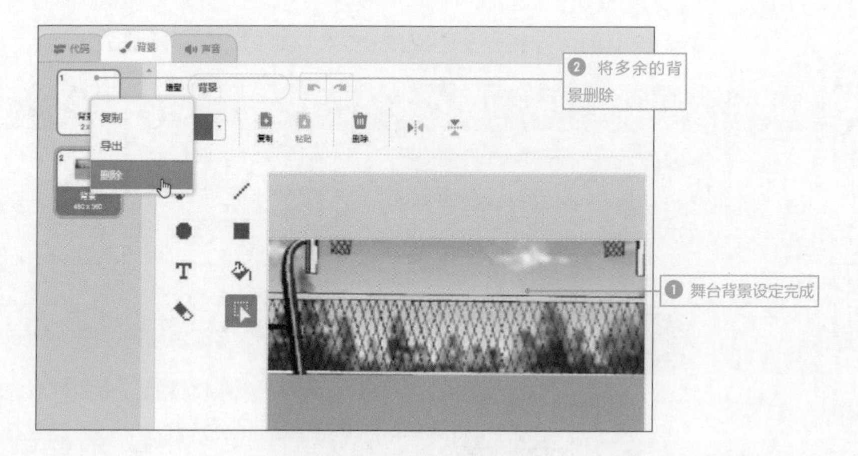

图 14-3　删除多余背景

14.2.2 上传角色与造型

上传角色，如图 14-4~ 图 14-6 所示。

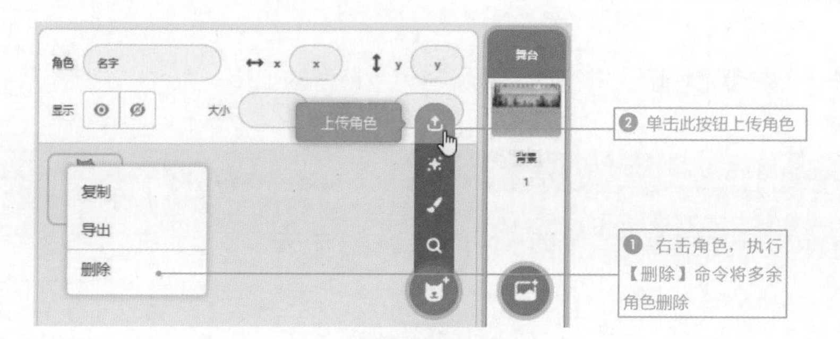

图 14-4　删除多余角色

图 14-5　选择多个角色上传

图 14-6　拖曳角色排版效果图

加入角色的造型。范例中的主角是两个玩跷跷板的男童，因此这里要使用【造型】标签来做出跷跷板上下移动的效果，如图 14-7~ 图 14-9 所示。

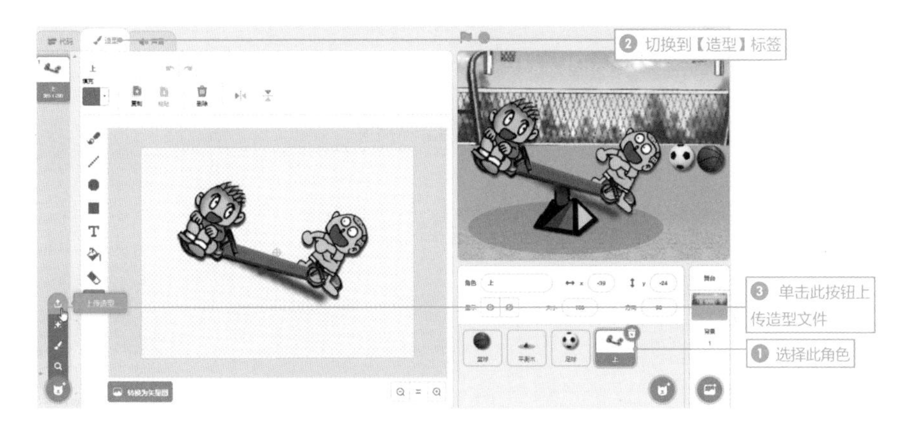

图 14-7　上传多个造型

图 14-8　选择造型

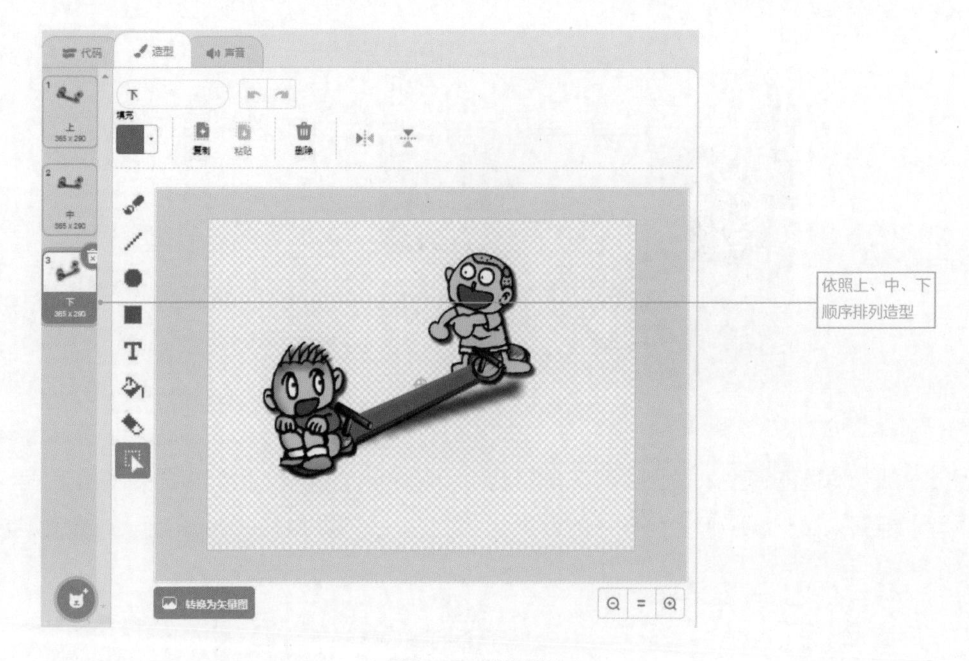

图 14-9　给造型排序

14.3 设定跷跷板造型的替换

完成舞台、角色、造型的上传后，设定跷跷板的动态效果，使绿旗被单击时，跷跷板的造型能够不断地变换，如图 14-10、图 14-11 所示。

图 14-10　给跷跷板添加程序积木

图 14-11　效果图

14.4 提问与回答设置

利用【侦测】类型中的【询问 __ 并等待】与【回答】两个程序积木就可以实现两个人对话。选用前者时，Scratch 程序会将字符串中的文字以解说文字的方式显现在角色上方，同时舞台下方会出现一个文本框，等待用户从键盘上输入数据，而所输入的文字数据就是所谓的【回答】。

如果产生出来的答案需要与回答者的默认回复一起显现，则可通过使用【外观】类型中的【说 __ __ 秒】程序积木与【运算】类型中的【连接 __ 和 __】程序积木来合并字符串。

理论上我们所搭建的程序积木应该放在跷跷板上，但因为我们做了造型的替换，这样做会使提问的文字块不断地上下跳动而影响到文字的读取，所以笔者将程序积木搭建在“平衡木”角色上，如此一来，既不会影响到两位主角的上下移动，也可以将文字看得一清二楚。

14.4.1 询问设定

首先设定右边男童要提出的问题，并观看它执行的结果，如图 14-12、图 14-13 所示。

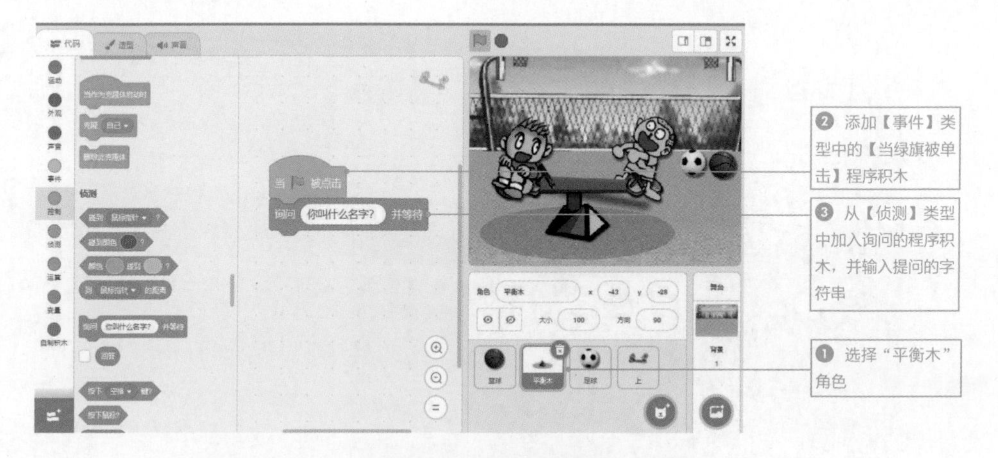

图 14-12　添加程序积木

图 14-13　播放效果图

14.4.2 回答问题

当用户在文本框中输入任何文字后，可以继续设定右边男童要提出的问题。如果想要重复对方所输入的文字并做说明，可利用【说 ___ 秒】与【连接 _ 和 _】程序积木来合并字符串。整体步骤如图 14-14~ 图 14-16 所示。

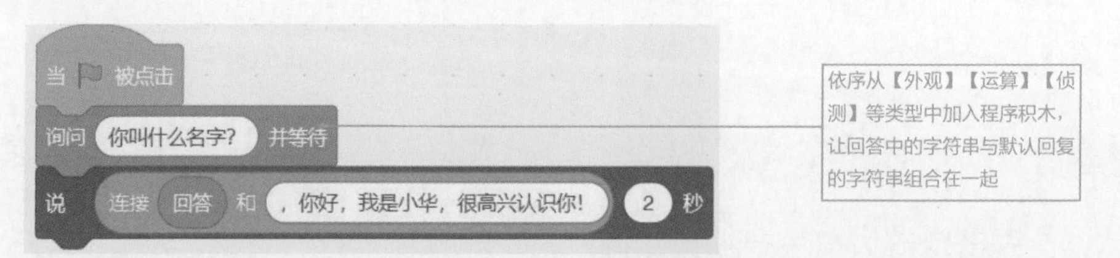

图 14-14　加入程序积木

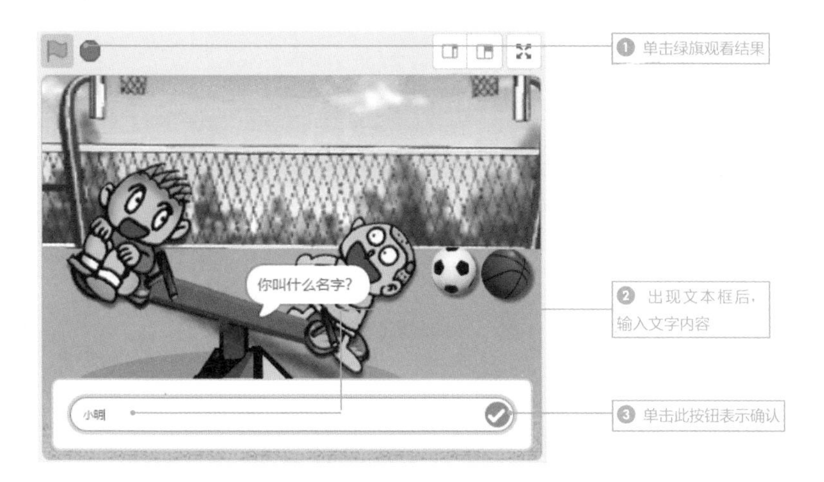

图 14-15　播放效果图

图 14-16　播放效果图

14.4.3 根据不同的问题回答

对刚刚介绍的提问与回答有所了解后，继续进行如下提问与回答的设置，如图 14-17 所示。

询问：你第一次来这玩跷跷板吗？

说出：这样啊！我常来这里玩球。(2 秒。)

询问：你喜欢玩足球还是篮球？

搭建而成的程序积木如下。

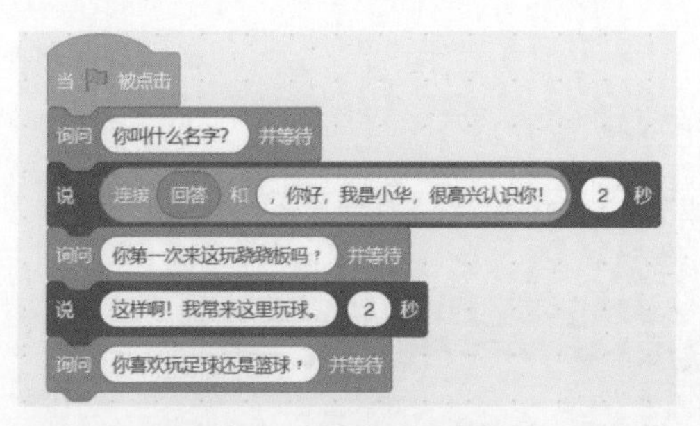

图 14-17　跷跷板的程序积木

提出的问题假如是具有选择性的，则可以利用【如果 __ 那么 __】程序积木来处理。如果答案等于足球（或篮球），就执行其内层的程序积木。若内层程序积木较为复杂，也可以考虑利用消息的广播或接收来处理。

询问的答案是足球时，如图 14-18 所示。

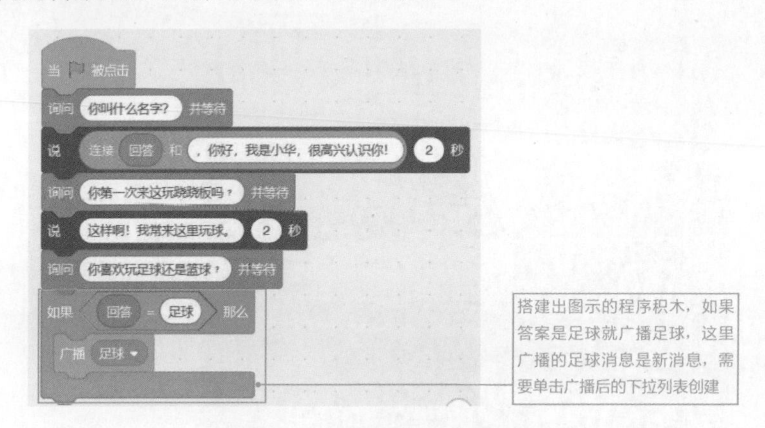

图 14-18　增加跷跷板的程序积木

询问的答案是篮球时，如图 14-19 所示。

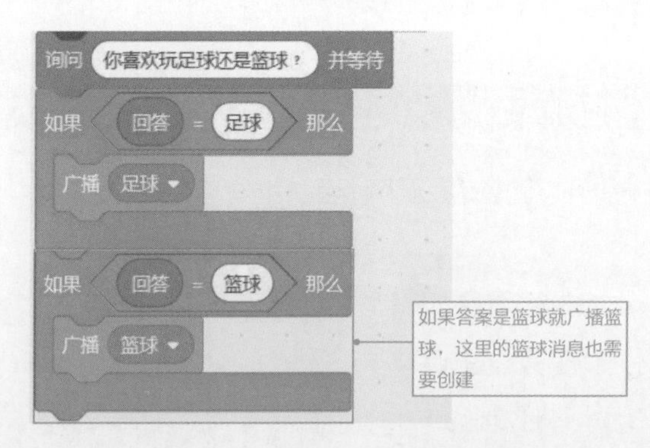

图 14-19　继续增加跷跷板的程序积木

如果输入的数据并非足球或篮球该怎么办呢？此范例中笔者利用【控制】类型中的【重复执行直到 __】程序积木来处理提出的问题，待确认答案后，才执行篮球或足球的进一步动作，如图 14-20、图 14-21 所示。

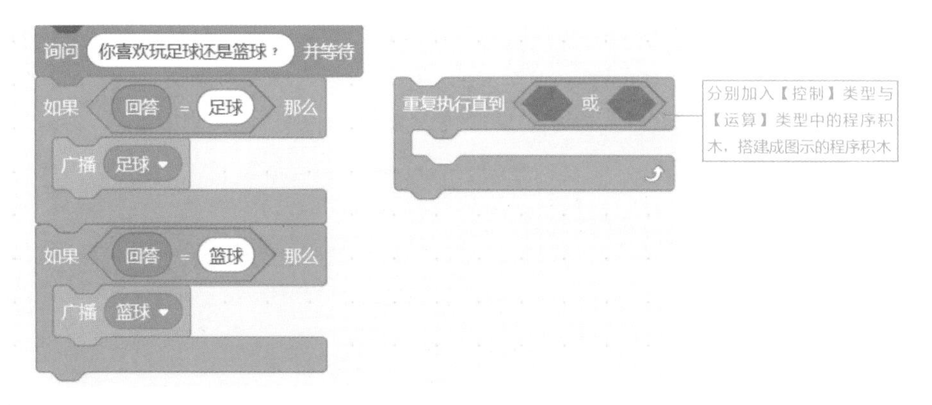

图 14-20 增加【重复执行直到 __】程序积木

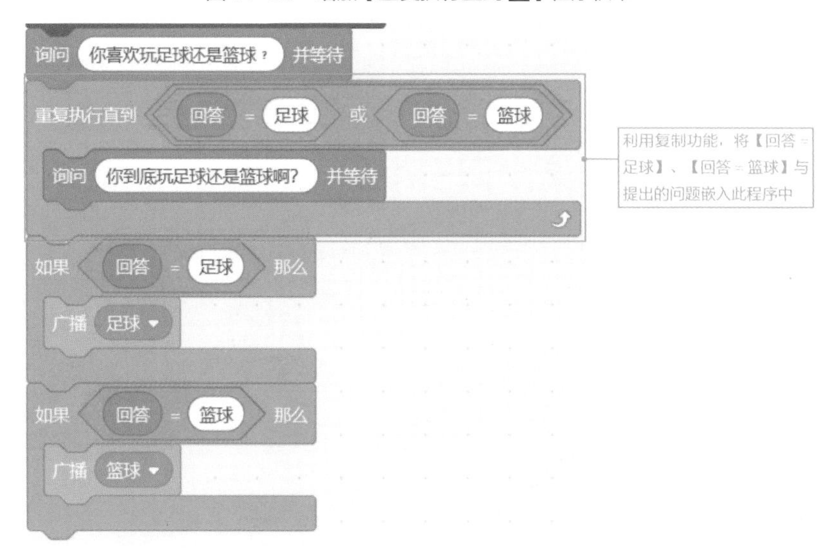

图 14-21 将相应内容嵌入程序

· 14.4.4 自动停止所有程序

当提问有结果，对篮球或足球也做出回应后，停顿 2 秒，以解说文字做个结尾，然后让程序自动停止，表示提问已经结束。此处请继续在“平衡木”的积木下方加入图 14-22 所示的 3 个程序积木。

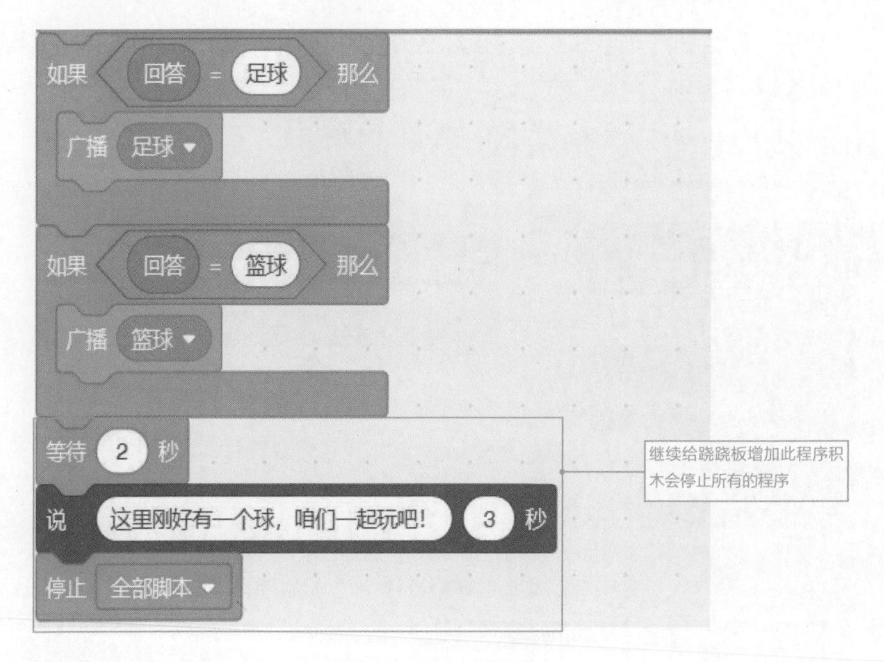

图 14-22　停止所有程序

14.5 设定足球、篮球消息接收

如果输入者在文本框中输入足球或篮球，就做【广播】的动作，所以现在我们必须在“足球”或“篮球”角色上分别加入【接收】的动作。当收到消息时，足球或篮球自动滚动到舞台下方的边界处，以响应故事的结尾——【这里刚好有一个球，咱们一起玩吧！】

14.5.1 足球角色设定

在足球方面，设定的重点有以下两项。

- 当绿旗被单击时，让足球移到指定的位置。
- 当接收到足球的消息时，就让足球向左不断地旋转，同时减小 x 坐标与 y 坐标的数值，直到球碰到舞台边缘才停止下来。

按照此脚本设计，为“足球”搭建出图 14-23 所示的程序积木。

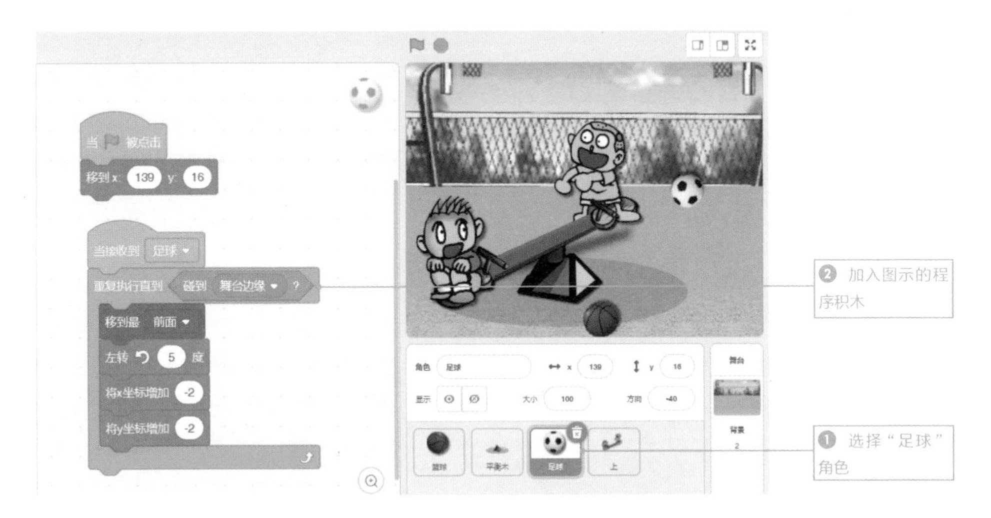

图 14-23　给“足球”添加程序积木

单击绿旗按照顺序播放程序后，会看到足球移到舞台下边缘，如图 14-24 所示。

图 14-24　运行程序积木效果图

14.5.2 篮球角色设定

篮球的设定内容与足球大致相同，因此直接拖曳“足球”的程序积木到“篮球”角色中，再修改原先的坐标位置与接收的消息名称即可，如图 14-25 所示。

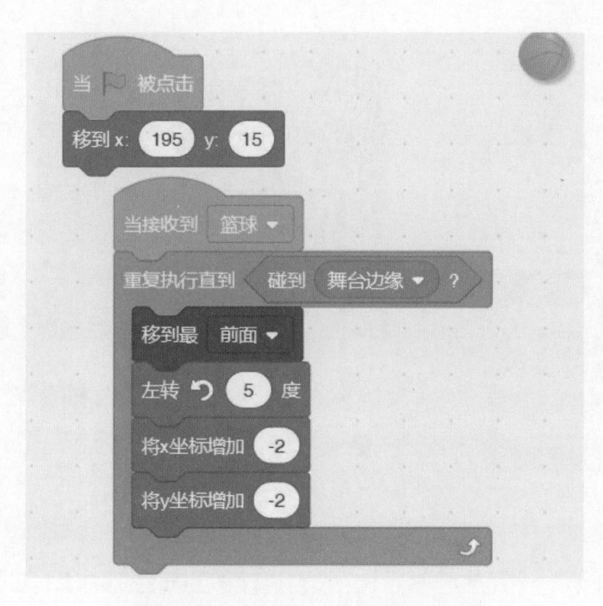

图 14-25 给“篮球”添加程序积木

第15章

好玩的乒乓球PK赛

章节导引	学习目标
15.1 脚本规划与说明	了解本章脚本的规划
15.2 上传舞台背景与角色	学会上传方法
15.3 球拍紧跟鼠标指针移动	学会使用鼠标指针移动球拍效果的制作
15.4 设定乒乓球的移动效果	学习移动乒乓球效果的制作

本章设计

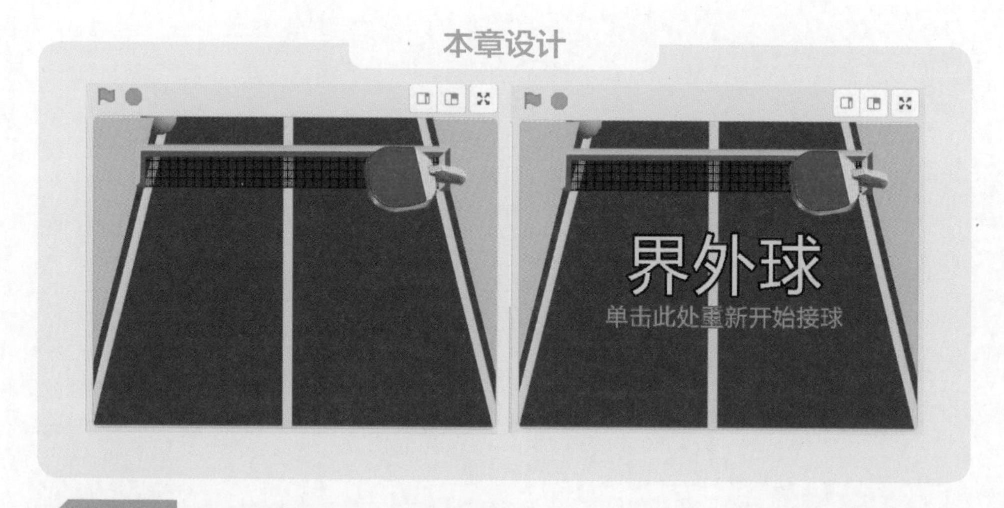

15.1 脚本规划与说明

这个范例用球拍来代替鼠标指针，通过对鼠标指针的控制，让球拍把乒乓球拍打过网，而弹回来时再根据球的落点位置继续用球拍来接球。如果乒乓球跑到球桌的边界，则会自动停止程序，并显示【界外球】的消息。只要继续单击提示处就可以重新开始游戏。

此范例中将用到如表 15-1 所示的 2 个新的程序积木。

表 15-1 范例中需要的程序类型、程序积木及其说明

程序类型	程序积木	说明
侦测	鼠标的x坐标	侦测并传回鼠标指针的 x 坐标
侦测	鼠标的y坐标	侦测并传回鼠标指针的 y 坐标

其余的程序积木在前面的章节都已介绍过，只要灵活运用，配合脚本的创意设计，就可以制作出精巧的游戏。

15.2 上传舞台背景与角色

首先进行舞台背景与角色的上传，如图 15-1~ 图 15-3 所示。

15.2.1 上传舞台背景

准备上传背景。

图 15-1　单击【上传背景】按钮

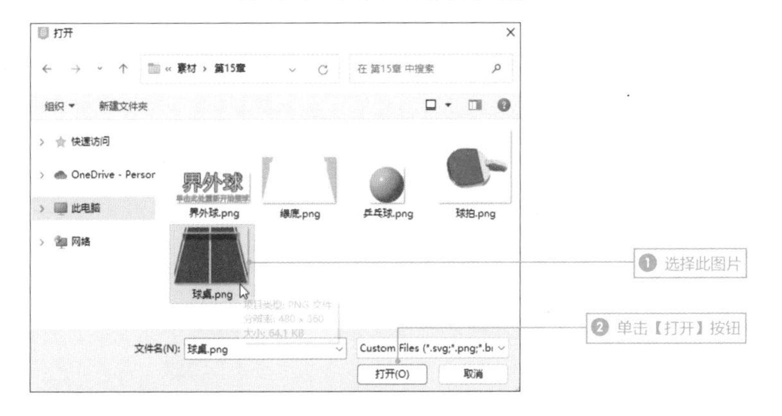

图 15-2　选择需上传的背景图片

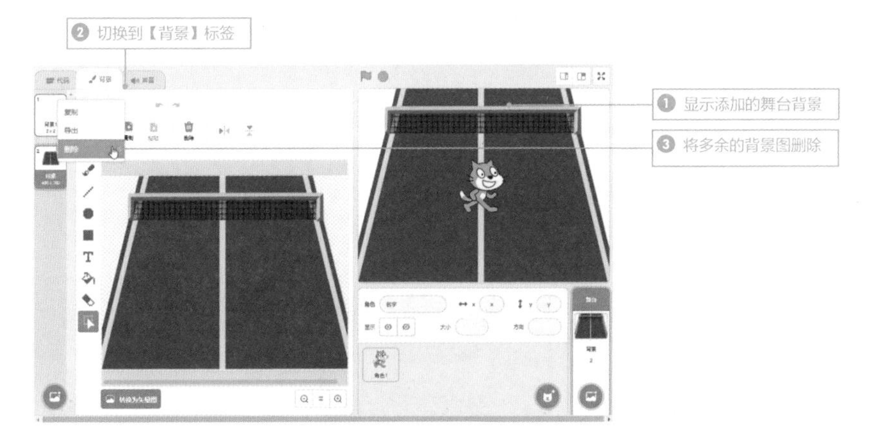

图 15-3　删除空白背景

15.2.2 上传角色

添加完舞台背景后，将需要使用的角色上传到角色区中备用，如图 15-4~图 15-6 所示。

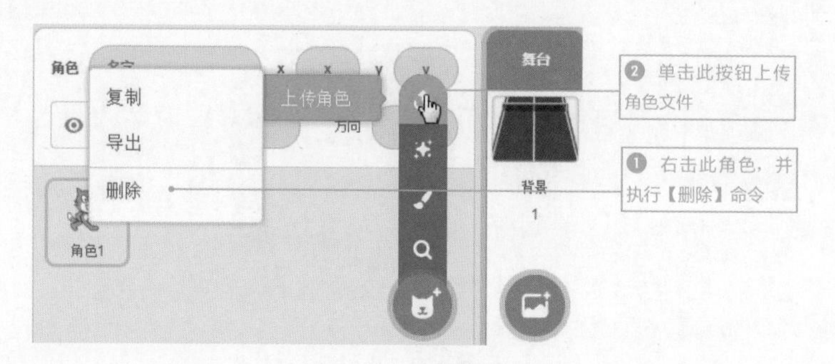

图 15-4　上传角色

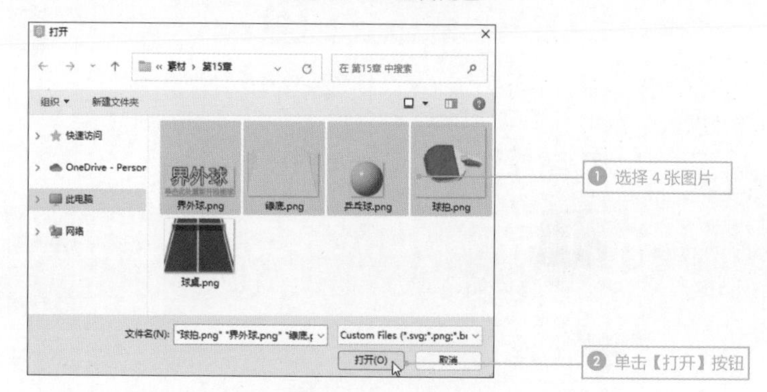

图 15-5　选择上传角色图片

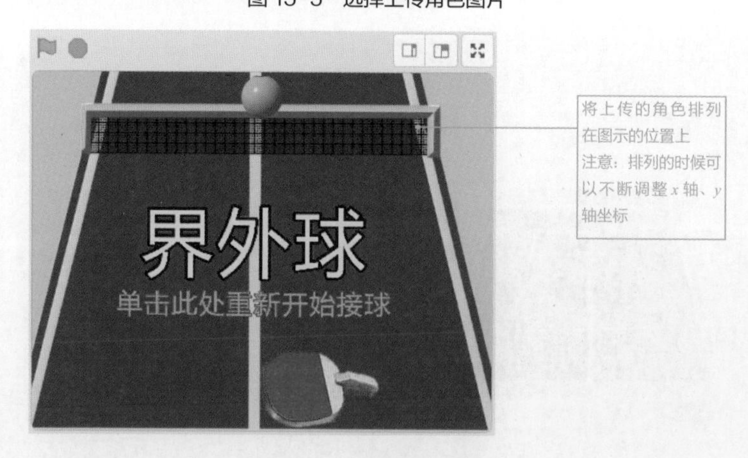

图 15-6　角色排列效果图

由于“界外球”角色目前还不会用到，为了不影响程序的编辑，可以考虑先将它隐藏起来。隐藏方式如图 15-7、图 15-8 所示。

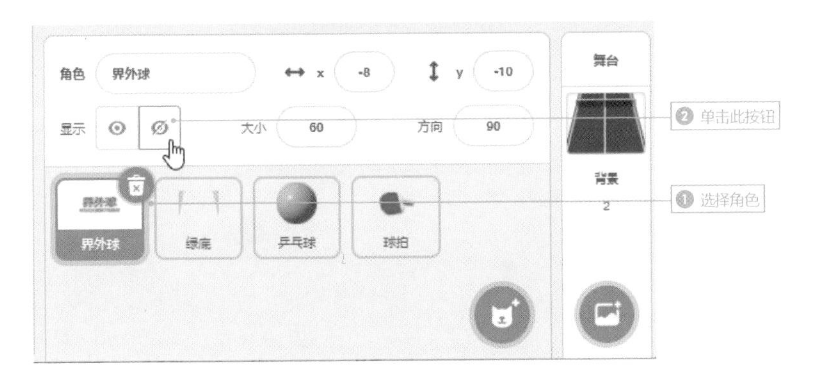

图 15-7　隐藏“界外球”角色

图 15-8　隐藏界外球效果图

15.3 球拍紧跟鼠标指针移动

要让球拍可以随心所欲地在球网的一方自由移动，必须将球拍的坐标位置设定成鼠标指针的坐标位置。如此一来，鼠标指针移到哪里，球拍就会跟着移到哪里，如图 15-9、图 15-10 所示。

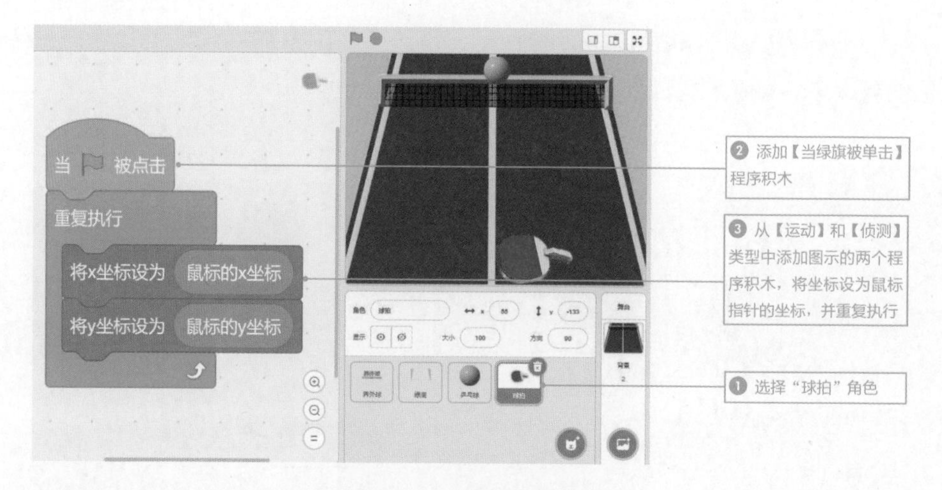

图 15-9　“球拍”的程序积木

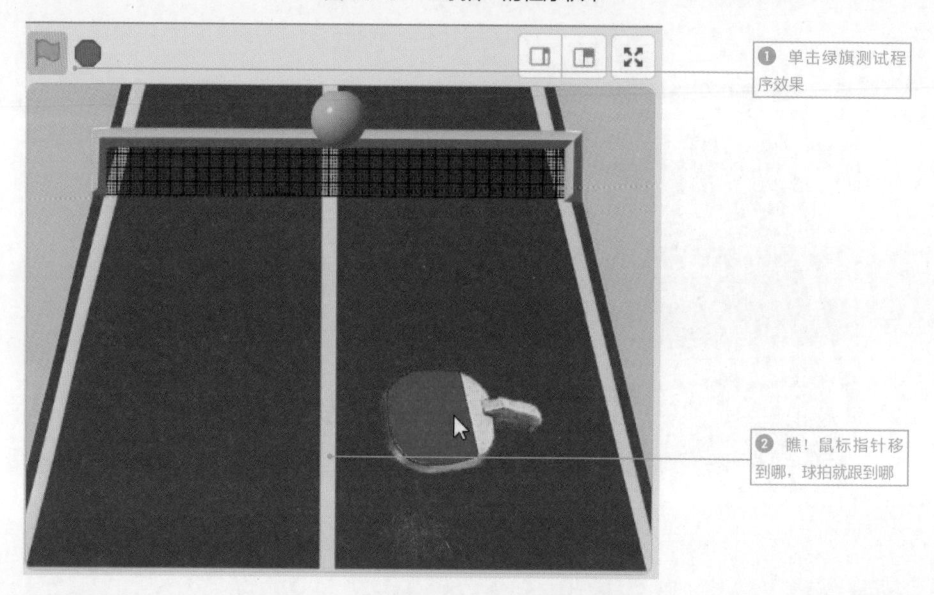

图 15-10　“球拍”的程序积木运行效果图

15.4 设定乒乓球的移动效果

球拍设定完成后，接着来设定乒乓球的移动。就目前舞台背景的画面效果来看，必须考虑以下几种情况。

正常情况下，乒乓球往下移动并旋转。

如果乒乓球碰到球拍，就发出碰撞的声音，同时将乒乓球移到舞台上方靠近球网的任何一处，以达到球在球网两侧来回移动的视觉效果。

如果乒乓球碰到浅绿色的地板，就表示球已出界，除了停止程序，还要显示【界外球】的消息。

由于范例中需要使用到乒乓球碰撞到球拍的声音，因此我们将使用范例中的声音文件“Pop”，如图 15-11 所示。

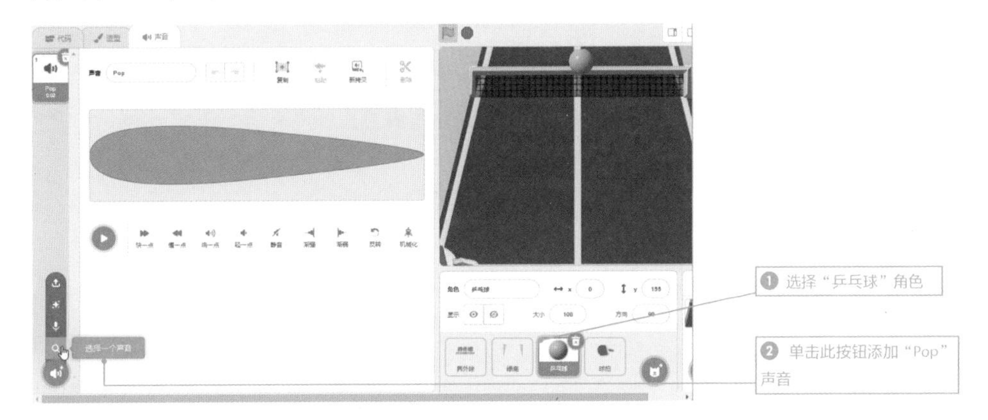

图 15-11　给“乒乓球”添加声音

依照上述脚本设计，试着用程序积木来做搭建。

15.4.1 乒乓球上下移动

这里我们将利用【如果 __ 那么 __ 否则】程序积木来控制乒乓球的上下移动，如图 15-12~ 图 15-14 所示。

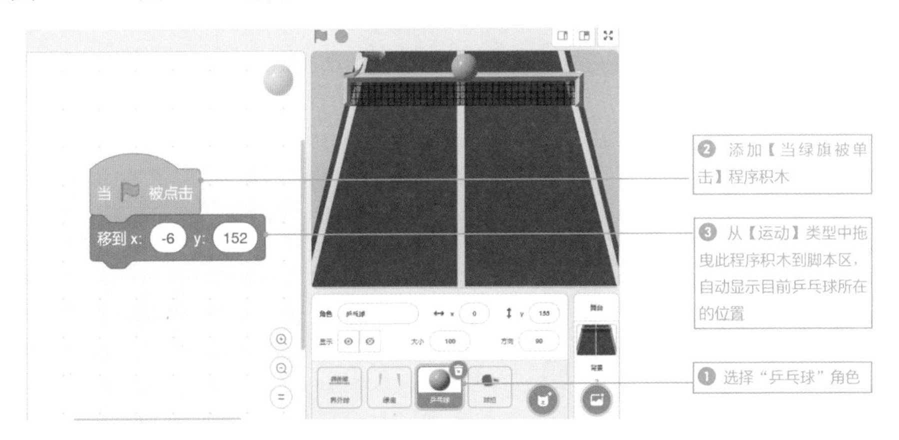

图 15-12　“乒乓球”的程序积木（1）

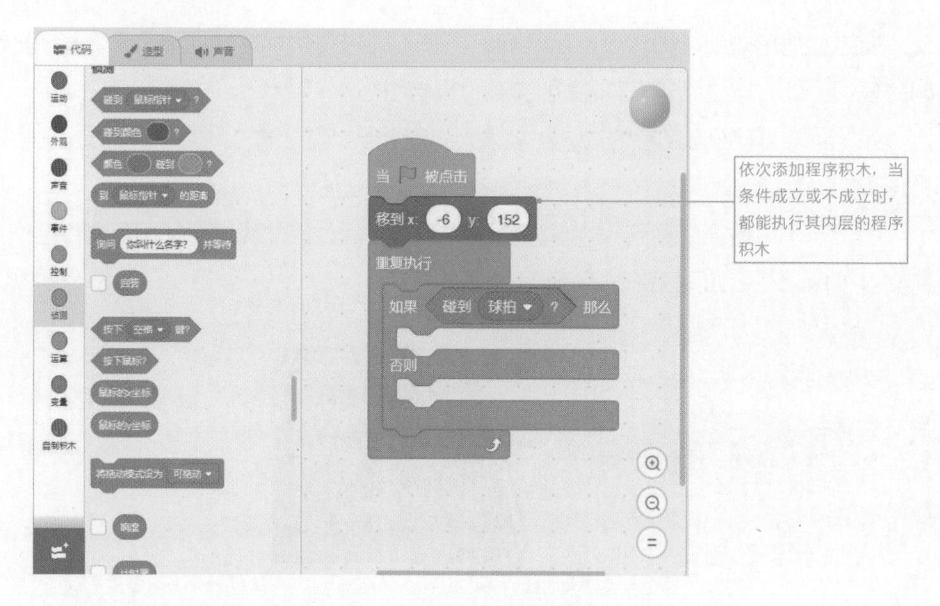

图 15-13 “乒乓球”的程序积木（2）

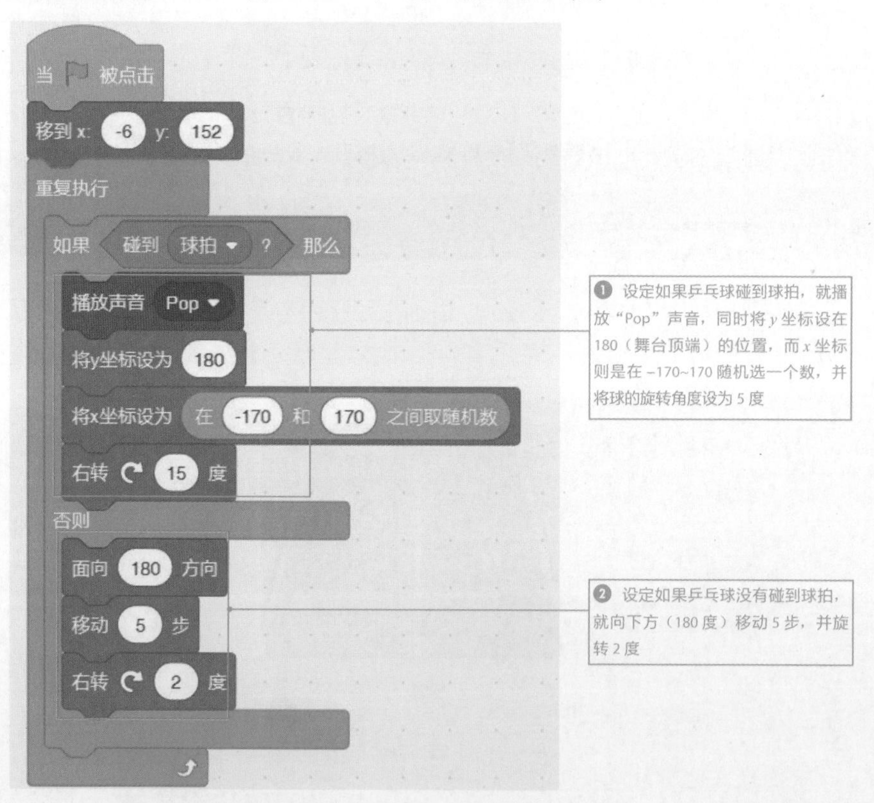

图 15-14 “乒乓球”的程序积木（3）

完成上述设定后，单击绿旗观看程序效果，就可以看到乒乓球的移动状况，就如同自己和他人对打一样，如图 15-15 所示。

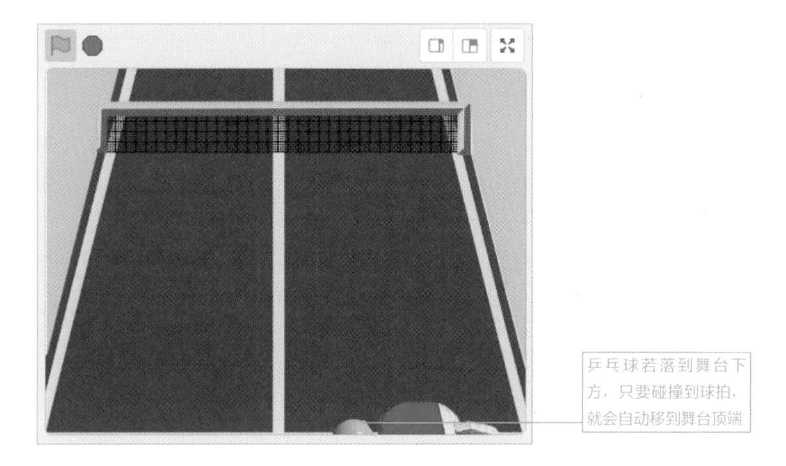

图 15-15　“乒乓球”的程序积木运行效果图

15.4.2 界外球设定

如果乒乓球跑到球桌外，就让这个游戏结束，同时显示“界外球”角色。由于“乒乓球”角色无法通过程序积木来控制“界外球”的显示或隐藏，因此这里将使用广播消息的功能来处理。进行如下设定，如图 15-16 所示。

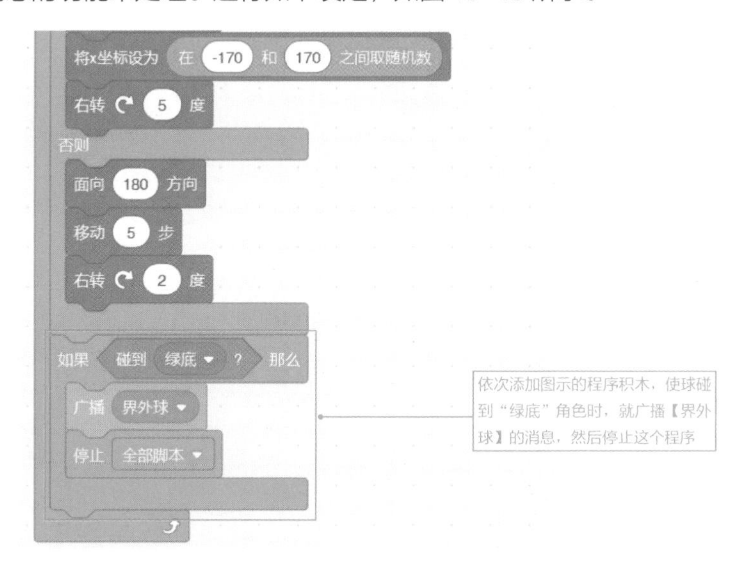

图 15-16　继续添加“乒乓球”的程序积木

广播并新增【界外球】的消息后，切换到“界外球”角色，以便设定接收时及绿旗被单击时的效果。由于一开始我们就将“界外球”设定为隐藏，因此要先从角色区中将它【显示】出来，如图15-17、图15-18所示。

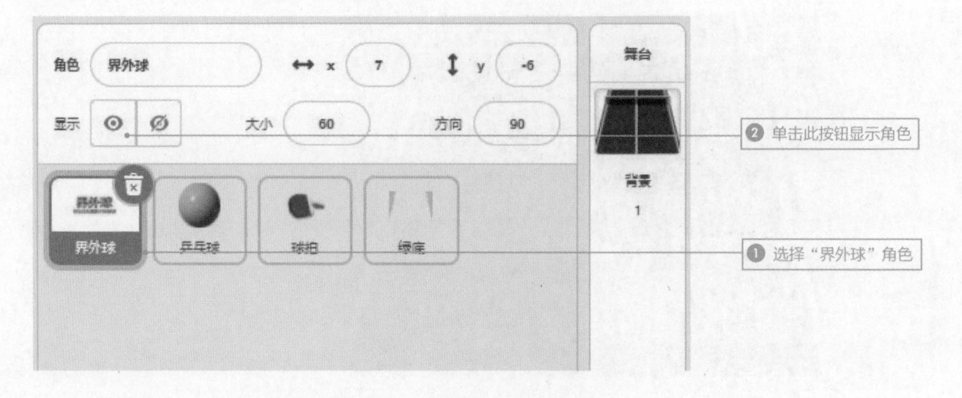

图15-17 “界外球”的角色区设定

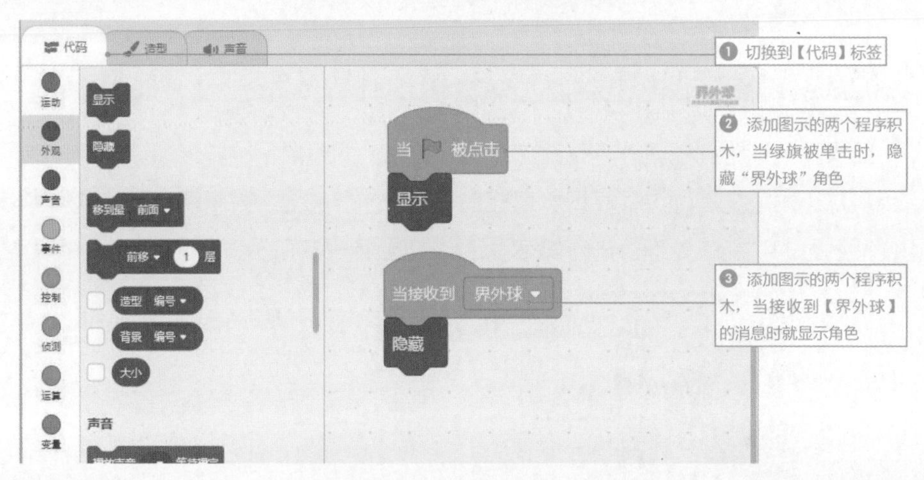

图15-18 “界外球”的程序积木

至此，打乒乓球的游戏就制作完成。接下来请各位享受一下打乒乓球的乐趣吧!